KB207035

맛과 멋을 디자인한
차음식의 세계

맛과 멋을 디자인한
차 음 식 의   세 계

지은이 | 김영애
펴낸곳 | 월간 〈차의 세계〉
펴낸이 | 최석환
디자인 | 장효진

2011년 2월 14일 초판 인쇄
2011년 2월 18일 초판 발행
2023년 10월 27일 증보판 발행

등록 · 1993년 10월 23일 제 01-a1594호
주소 · 서울시 종로구 율곡로 6길 11번지 미래빌딩 4층
전화 · 02) 747-8076~7
팩스 · 02) 747-8079
ISBN 978-89-88417-85-0   13590

값 30,000원

※ 저자와 협의에 의해 인지를 생략합니다.
※ 파본은 본사나 구입하신 서점에서 교환하여 드립니다.

맛과 멋을 디자인한

차음식의 세계

김영애 지음

茶의
세계

여는글

젊은 시절 차의 고장 보성에서 살았던 나는 그 곳에서 차를 쉽게 접할 수 있었다. 1985년 어느 봄날, 보성 다원에서 지인의 소개로 용운스님을 만나 뵐 수 있었다. 스님께서는 나에게 "차 공부를 열심히 하라." 격려하시며 차 전문잡지 「다담」에 매월 기고할 수 있는 기회를 주셨다. 그 덕분에 차에 대한 깊은 관심을 갖고 체계적으로 공부할 수 있는 계기가 되었다. 그리고 중국차에 대한 갈증을 느끼고 있을 즈음 스님께서는 대만 차문화 탐방 기획안을 제시 하셨고, 1992년 1월 다담식구들은 "대만 차문화 기획 특집"을 취재하기 위해 대만으로 향했다. 공항에 도착하니 中華茶文化學會 범증평(范增平) 이사장님이 나오셔서 우리 일행을 직접 안내해 주셨다. 대만 차산업 속 차식품, 그 속에 티 푸드, 그 중 칵테일화 된 차음료들을 보면서 나는 문화적 충격을 받았다. 당시 우리나라는 차 우리는 다법을 가지고 왈가왈부하고 있던 시기에 그들은 차산업의 대중화에 앞장서서 차를 이용한 다양한 식품들을 개발하여 세계 차 시장의 선두 주자로 거듭나고 있었다. 이 같은 현실은 나에게 차에 대한 고정관념을 완전히 깨 주는 신세계였다.

그 후 차음식에 대한 많은 관심을 갖게 되면서 원래 미술을 전공했던 나는 오랜 고민 끝에 다시 전공을 바꾸어 식품 영양학을 공부하였다. 그러면서 서서히 차 음식에 매료되어 2011년 11월 맛과 멋을 디자인한 「차음식의 세계」를 출간하게 되었다. 10년이 지난 오늘 2쇄 발행을 위해 퇴고하면서 30여 점의 차 음식을 보충, 재구성하여 다음과 같은 책을 펼쳐 보았다.

첫째, 이 책은 총 120여 점의 차음식을 1월부터 12월까지 월별로 구성하였다. 매 월마다 의미있는 주제를 선정, 그 주제에 걸맞은 식재료를 택하여 절기음식의 세계를 펼쳐 보이고 있다.

둘째, 월별로 구성된 음식들은 우리의 전통 풍습과 절기음식에 주안점을 두고 차를 접목시켜 보았다. 거기에 현대인들의 오감을 만족시킬 수 있도록 한 폭의 그림처럼 아름다운 음식으로 디자인하고자 하였다.

셋째, 접시라는 무대 위에 플레이팅을 누구나 쉽게 표현할 수 있도록 그 방법을 제시하고 있다. 푸드의 첫 맛은 눈으로 먹는 것이다. 보는 즐거움이 먹는 즐거움보다 크기 때문에 특히 시각적, 미적 가치가 돋보이는 작품화를 통해 심미감을 느낄 수 있도록 표출하였다.

생각해 보면 음식은 혼자 먹기 위해서 만드는 것보다는 상대방을 위해 만들기 때문에 그 의미가 크다. 특히 만드는 이의 정성 속에서 나눔과 베풂이 접시라는 무대 위에 펼쳐지면서 맛의 미학을 자아내는 예술품이 되어 음미하는 이의 건강과 영혼까지 사로잡을 수 있기에 세상 그 무엇보다 존귀하다고 생각한다.

거기에 차는 그 옛날부터 약용으로 널리 사용되어 왔으며 신이 내린 영약이라 불리워 왔다. 이 같은 차는 다양한 음식과 잘 어울려져 우리의 오감을 충분히 만족시킬 수 있으며 약리 효과가 뛰어난 건강한 먹거리이다.

또한 현대인들의 건강을 위해 모든 음식에 첨가할 수 있는 차는 No Calorie, No Salt, No Sugar인 유일한 식품이다.

이제 접시라는 작은 무대 위에 차음식의 맛과 멋을 디자인하여 티푸드의 세계로 여러분들을 초대합니다.

2023년 10월 마지막 날,

맛과 멋을 디자인한 「차음식의 세계」 2쇄를 출간하기 까지 도움을 주신 많은 분들을 위해 아름다운 찻자리를 마련하여 감사의 마음 전하고 싶습니다.

저자 김영애 씀

차음식의 유래와 전망

Ⅰ. 차의 역사와 차음식의 유래

1. 약용으로서의 차

차는 커피, 코코아와 더불어 세계 3대 기호음료로서 동·서양을 막론하고 많은 사람들의 사랑을 듬뿍 받아 왔으며 가장 오랜 역사를 지닌 천연의 마실거리이다.

예로부터 차는 음용에 앞서 약용, 식용으로 널리 사용되어 왔다. 중국 당나라 육우의 다경에 의하면 BC 2737년 신농시대부터 차를 마셨다는 기록과 함께 약용으로 사용되었다는 설이 전해 내려오고 있다. 이 같은 설은 과학적으로 입증되지 않았던 그 시대에도 많은 사람들이 차를 약용으로 사용했음을 알 수 있다. 오늘날에는 차의 약성을 입증하기 위해 다각적으로 차에 대한 연구가 계속되고 있다.

2. 식용으로서의 차

차나무의 원산지인 중국 운남성에는 55개의 소수민족들이 살고 있다. 이들 사이에서는 차에 관한 다양하고 독특한 풍속이 전해 내려오고 있는데 그 중 몇 가지 풍속을 살펴본다. 중국의 뇌차(擂茶)는 차에 쌀, 깨, 그리고 각종 견과류 등을 맷돌에 미세하게 갈아 뜨거운 물을 부어 먹는 것으로 오늘날 대만 베이뿌와 홍콩 등에서 유행하고 있으며 관광문화 상품으로 정착되고 있다. 또 수유차는 소수민족들이 다양한 방법으로 가장 많이 즐겨 마시는 음료로 소, 양, 야크 등의 젖에 소금, 그리고 차를 넣고 끓여 마시는데 이는 오늘날 밀크 티의 원조라 할 수 있다.

뿐만 아니라 운남성의 진남 사람들은 소금에 절인 차를 엄채라고 칭하며 이것을 입 속에 넣고 천천히 씹어 먹었다. 이 엄채는 끓이거나 삶거나 불에 익히지 않고 소금에만 절여서 먹는 방법으로 이 같은 풍습은 약의 개념이 부족했던 시대였기 때문에 그 효능은 체험을 통해서만 얻을 수 있었다. 그래서 그들은 차를 한 끼 식사대용으로 섭취하는 다양한 식문화가 정착되었으며 이것이 바로 차음식의 유래가 되었다.

오늘날 세계 60억 인구 중 20억이 차의 소비자로서 음다 기여도에서 큰 비중을 차지하고 있으며 현대인들에게 차음식은 웰빙식품으로 자리매김하고 있다.

II. 차음식의 동향

식문화는 그 민족의 발전과정을 대변 할 수 있는 좋은 볼거리이자 먹거리 문화이다. 한 민족의 음식이 형성되는 과정을 살펴보면 음식의 탄생에서 그 민족의 철학을 읽을 수 있고, 그 원리에서 사회적, 경제적 배경을 볼 수 있으며, 거기에 음식을 공유하는 사람들의 삶까지 볼 수 있기 때문에 식문화는 맛의 미학이 자아낸 한편의 드라마라고 말할 수 있다.

1. 다 식

우리나라의 차음식하면 가장 먼저 다식을 떠 올릴 수 있다. 다식은 우리나라 고유의 과자류로서 음다문화의 발달과 함께 다양한 다식과 과자류가 만들어져 왔다.

다식은 밤, 콩, 녹말, 쌀, 송화, 깨 등의 재료를 가루 내어 꿀을 넣고 반죽하여 다식판에 찍어낸 우리 고유의 멋과 맛이 담긴 과자이다.

이 같은 다식의 유래를 살펴보면 다음과 같다.

고려시대 대각국사 의천(1055~1101)의 문집에"제례 때는 반드시 다식과 다과를 올렸다"는 기록과 고려 말 목은 이색의 시문집에서는 팔관회 때"다식을 선물로 하사 받았다.

다식의 달콤한 맛에 취했다"라는 싯귀를 볼 수 있다. 그리고 「고려사」에는 "팔관회 때의 다식은 술과 식사 전에 차와 함께 올린다."는 내용이 수록되어 있다. 이 같은 다식은 조선시대에 이르러 더욱 계승 발전되었다.

조선시대에는 다식을 크게 세 가지로 나누어 첫째 제물로, 둘째 예물로, 셋째 빈례시의 선물로 사용되어졌다.

「조선왕조실록」에는 '세종대왕 때 대행후덕왕대비의 제사에 다식을 제물로 올렸으며, 영조 때는 종묘에 시행을 지낼 때 다식을 올렸다.'는 내용이 기록되어 있다. 또한 '왕과 왕세자의 혼례 시에는 백 다식을 공식적으로 혼례상에 올렸으며, 연회 시에는 각색다식과 다과를 올렸고, 중국의 사신과 일본의 통신사에게 다식을 선물하였다.'는 내용이 기록되어 있다.

조선 중엽에 와서 다식의 조리법은 「음식다미방」에 상세히 기록되어 오늘에 전해 내려오고 있으며 다식문화는 조선 후기에 크게 변모하였다.

다식은 주재료인 쌀가루와 밀가루 등을 꿀에 반죽하여 익히지 않고 다식판에 찍어내어 제례용, 또는 접빈용으로 쓰여졌다. 조선의 실학자 이익(1684~1763)선생이 쓴 「성호사설(星湖僿設)」에는 다식에 대한 내용이 "쌀가루를 꿀에 혼합하여 나무틀에 넣고 눌러 둥근 떡을 만든다."라고 기록되어 있다. 조선의 대학자 정약용(1762~1836) 선생이 쓴 「아언각비(訝言覺非)」에는 다식을 인단(印團)이라 칭하였고, 다식판의 무늬는 꽃과 고기, 나비 모양 등으로 명시되어 있다.

이와 같이 우리나라의 다식은 차와 함께 식문화 가운데 귀한 디저트 문화로 정착되어 왔음을 알 수 있다.

2. 차음식의 개발

1980년대 이전까지는 우리 사회가 경제적, 사회적 어려움에 직면해 있었다. 따라서 음다 문화가 쇠퇴하였고, 차 음식은 식문화의 뒤편에 처져 있었다.

이러한 상황 속에서 1990년도를 맞이하게 된 우리의 차문화는 많은 차 관련 단체에서 서서히 관심을 갖기 시작하면서 실험적인 차음식을 선보이게 되었다.

예컨데 (사)한국 차문화협회에서는 차산업에 조금이나마 기여하고자 1992년 5월부터 현재까지 매년 차의 날 행사에 전국 차음식 경연대회를 개최하고 있다. 그 결과 주식, 간식류, 한과류, 양과류, 반찬류, 음료류 등 약 2,000여 가지의 새롭고 다양한 차 음식들을 선보이면서 차음식 보급과 실용화에 큰 도움을 주었다.

뿐만 아니라 여러 차 단체에서 개최하는 차음식 경연대회와 차음식 전시회 등은 해를 거듭할수록 그 수준이 날로 향상되어 차음식은 차산업의 발전에 큰 기여를 하고 있다. 사실 차음식의 산업화는 오늘날 각광 받고 있는 웰빙식품 중 하나인 그린 푸드 그리고 21세기 세계음식의 기치인 슬로우 푸드와 그 맥락을 같이하면서 선구적인 역할을 해 나갈 것으로 기대된다.

Ⅲ. 차음식의 전망

오늘날 외식산업의 발달과 함께 인스턴트 식품들이 우리의 식탁을 무분별하게 독차지하면서 건강 또한 위협을 받고 있다. 패스트푸드가 유행했던 20세기를 벗어나 21세기 음식의 트렌드는 단연 슬로우 푸드이다. 건강한 먹거리로 그 초점이 맞추어 지면서 세계 곳곳에서 자연 친화적인 구호가 식문화 속에 깊숙이 스며들고 있다.

따라서 서양식 기름진 요리에서 벗어나 오늘날 오리엔탈 푸드의 담백한 요리가 각광을 받고 있다. 이러한 현상은 식재료에 큰 영향을 미치면서 유기농 열풍을 일으켜 소비자들은 맛과 건강을 함께 충족할 수 있는 음식의 해법에 그 코드를 맞추고 있다.

생존에 바탕을 두는 것이 음식이지만 패션처럼 유행을 타는 것 또한 음식이다.

오늘날 기능성 식품이 우리의 식탁에 자리매김하면서 차음식은 우리의 건강과 영혼까지 충족시켜주는 음식이 되고 있다. 이러한 상황 속에서 차음식이 미래 음식 산업의 대안으로 부각될 수 있는 요인들을 살펴보면 다음과 같다.

첫째, 차는 No Calorie, No Salt, No Sugar인 건강식품으로 모든 음식에 첨가할 수 있는 유일한 식품이다.

예를 들면, 소스와 샐러드, 김치류, 밥류, 반찬류, 떡류, 과자류, 빵류, 음료 등 다각적으로 차를 음식에 첨가할 수 있다.

둘째, 차는 영양학적 측면에서 본다면 최고의 건강지킴이 이다.

차 속에는 350여 가지 이로운 성분이 가득 들어 있다. 그런데 차를 음료로 마셨을 때는 수용성 성분만 섭취할 수 있지만 차를 음식으로 먹었을 때는 지용성 성분까지 섭취할 수 있어 차속의 이로운 성분을 100% 모두 섭취할 수 있다. 오늘날 외식문화의 발달과 가공식품의 대량 생산 등으로 각종 질병이 도사리고 있는 현 시점에서 차음식은 차 속의 다양한 성분들을 그대로 섭취할 수 있어 식중독 예방과 해독작용 등 성인병을 예방하는데 도움을 주는 기능성 식품이자 안전식품이다.

셋째, 다양한 종류의 차를 음식의 특성에 맞게 첨가할 수 있다.

생엽을 비롯하여 녹차, 청차, 황차, 홍차, 흑차, 가루차까지 음식의 특성에 맞게 첨가할 수 있다. 뿐만 아니라 차엽의 추출액과 차 가공의 추출액 등을 이용한 화장품과 비누, 입욕제 그리고 세제 등이 현재 시판되고 있다.

넷째, 차 음식은 많은 양의 차 소비를 촉진하는데 기여하며 차 산업을 활성화 시킬 수 있다.

이와 같이 차음식은 기능성 식품이자 안전식품으로써 이 시대가 요구하는 슬로우 푸드의 일원인 그린 푸드로 자리매김 할 수 있는 좋은 시대적 여건을 지니고 있다.

차 산업에 기여할 수 있는 차음식!
그 길목에서 조심스레 이 책의 첫 장을 펼쳐본다.

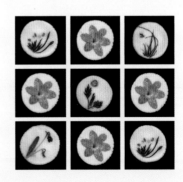

1월에

정월의 상차림

십장생 정과 I

대추초 만들기

재   료   대추 20개, 설탕 1/4컵, 가루차 5g, 물엿 1/4컵, 물 1/4컵

만드는 법

1. 대추를 미지근한 물에 깨끗이 씻어 먼지를 제거한 후 찜통에 1분정도 쪄서 약간 불린다.

2. 대추를 돌려 깎기 한다.

3. 냄비에 설탕과 물 그리고 물엿을 넣고 불에 서서히 끓인다.

4. 끓으면 가루차를 넣어 혼합한다. 이때 대추의 잡냄새가 제거 된다.

5. ②의 대추 속살에 ③에서 만든 시럽을 묻혀 대추와 대추를 접착시킨다.

6. 주제에 따라 모형을 만든다.

십장생 정과 Ⅱ

깨강정 만들기

재   료 참깨 1컵, 가루차 10g, 설탕 1/3컵, 물엿 1/2컵, 식용유 약간, 물 1/3컵

만드는 법

1. 참깨는 씻어서 물기를 제거한 다음 햇볕에 완전히 말려 볶는다.

2. 센 불에 물엿과 설탕, 그리고 식용유를 넣고 끓인다.
   끓으면 중간 불로 줄이고 실이 나올 때까지 끓인다.

3. ②에 ①의 참깨와 가루차를 넣고 나무주걱을 사용하여 고루 섞이도록 젓는다.

4. 나무판 위에 비닐을 깔고, 3을 붓는다.

5. 밀대를 사용하여 3mm 정도의 두께로 민다. 온기가 있을 때 원하는 모형을 만든다.

6. 대추를 이용하여 학의 머리와 발을 표현한다.

7. 대추초를 만들어 함께 장식한다. (앞 페이지 참조)

십장생 정과 III

도라지 정과

재 료 통도라지 200g, 조청 1컵, 설탕 100g, 소금 약간, 식혜물 1컵, 꿀 3Ts,
　　　　가루차 10g

만드는 법

1. 통 도라지는 잔뿌리를 제거하지 않은 채 깨끗이 손질한다.
2. 가루차와 소금을 식혜물에 혼합하여 ①을 넣고 2분정도 살짝 익힌다.
3. ②를 그늘 혹은 냉장건조 시킨다.
4. 설탕, 조청, 식혜물, 가루차를 냄비에 넣고 약한 불에서 설탕이 녹으면 ③의 도라지를 넣고
　 뭉근하게 조린다.
5. 도라지 속까지 깊이 베어들어 색이 갈색으로 될 때까지 조린다.
6. 꿀을 넣어 윤기가 나도록 다시 조린다.

차 약과

재　　료　밀가루 2컵, 생강즙 2Ts, 참기름 3Ts, 청주 3Ts, 꿀 3Ts, 잣 1/2컵, 가루차 20g,
　　　　　계피가루 약간, 소금 약간, 식용유 적당량
　　　　　집청재료 : 설탕 1컵, 물 1컵, 꿀 3Ts, 계피가루 1/2Ts, 생강즙 1/2Ts

만드는 법

1. 밀가루에 가루차, 소금, 계피가루를 넣고 고운체에 쳐 내린다.
2. ①에 참기름을 넣고 고루 혼합한다. 이때 참기름이 밀가루에 충분히 배이도록
　　손바닥으로 비벼 잘 섞일 수 있도록 한다.
3. ②를 고운체에 다시 쳐 내린다.
4. ③의 밀가루에 생강즙, 청주, 꿀을 넣고 반죽한다.
5. ④의 반죽을 조금씩 떼어 틀에 넣어 찍어낸다.
6. 찍어낸 약과를 식용유에 튀기는데 높은 온도에 튀기면 속이 잘 익지 않기 때문에
　　130℃의 온도를 유지하면서 갈색 빛이 나도록 서서히 튀겨낸다.
7. 집청을 만든다.
　　먼저 설탕과 물을 냄비에 담아 중불에서 젓지 않고 시럽의 양이 1/2정도가 될 때까지 조린 후
　　꿀과 계피가루, 생강즙을 넣고 고루 혼합한다.
8. ⑥에서 만든 약과를 ⑦의 집청에 적신다.
　　이때 집청이 충분히 배어들도록 해야 약과 특유의 맛을 낼 수 있다.
9. 고명으로 대추, 호박씨, 잣 등을 준비하여 ⑧에 장식한다.

차를 이용한 신선로

재　료　소고기 양지살 150g, 소의 양 100g, 명태살 50g, 무 150g, 당근 100g,
　　　　생엽 50g, 달걀 4개, 표고버섯 5장, 붉은 고추 1개,
　　　　소고기(우둔살) 150g(완자용) 밀가루 적당량, 간장 1Ts, 설탕 1Ts,
　　　　다진 파 4ts, 다진 마늘 2ts, 참기름 2ts, 소금 1/2ts, 은행 12개,
　　　　잣 1ts, 식용유, 후추가루 약간,

만드는 법
1. 소고기의 양과 양지살을 깨끗하게 손질하여 냄비에 물 10컵을 넣고 삶다가 무와 당근을
　 함께 넣고 익힌다.
2. 우둔살을 곱게 갈아 간장, 설탕, 파, 마늘, 참기름, 후추 등을 넣고 양념하여 완자를 만든다.
3. 명태살을 손질하여 소금과 후추가루를 뿌린 후 밀가루를 얇게 묻힌 다음 달걀옷을 입혀
　 팬에 노릇하게 지진다. ②의 완자도 밀가루와 달걀을 입혀 지진다.
4. 버섯과 당근, 홍고추 등은 신선로의 폭에 맞추어 자른 후 산적으로 만들어 팬에 지진다.
5. 찻잎과 밀가루 그리고 달걀을 혼합하여 찻잎초대를 만든다.
6. 준비한 ③,④,⑤를 신선로 폭에 맞추어 썰어 신선로에 담는다.
7. ①에서 준비한 육수는 간을 하여 데워 ⑥에 붓는다.
8. 은행과 잣, 완자 등을 신선로에 장식한다.
9. 화통에 숯을 피워 낸다.

붕어빵 와플

재 료   밀가루(중력분) 100g, 달걀 2개, 설탕 50g, 우유 60g, 베이킹파우더 2g,
         팥앙금 60g, 홍시 1개, 슬라이스한 아몬드 20g, 소금 약간

만드는 법

1. 붕어빵 반죽하기

   1) 볼에 분량의 달걀과 설탕을 넣고 설탕이 녹을 때까지 잘 저어준다.

   2) ①에 미지근한 우유를 넣고 다시 혼합한다.

   3) 분량의 밀가루를 체에 쳐서 ②에 넣고 주걱으로 고루 잘 섞어준다.

   4) 주르르 흐를 정도로 묽게 반죽하여 짤주머니에 넣는다.

2. 붕어빵 굽기

   달군 붕어빵틀에 기름을 바른 후 ①의 반죽을 넣고 팥앙금을 넣어 노릇하게 굽는다.

3. 붕어빵 와플 완성

   1) 완성된 붕어빵 와플에 홍시를 한 스푼 듬뿍 떠서 올린다.

   2) 슬라이스 아몬드를 홍시 위에 올려 장식한다.

겨울꼬막과 시금치 샐러드

재   료   꼬막 1kg, 시금치 200g, 참기름 약간, 소스 50g, 녹차 50g
　　　　♠ 소스 만들기
　　　　　고추가루 1Ts, 캐찹 1Ts, 레몬즙 1Ts, 설탕 1Ts, 사과 1/4개, 양파 1/2개,
　　　　　소금 약간을 넣고 믹싱한다.

만드는 법

1. 시금치를 깨끗이 씻어 살짝 데쳐 물기를 제거한다.
2. 꼬막을 깨끗이 씻어 놓는다.
3. 분량의 녹차를 500cc의 물을 붓고 끓여 우려낸다.
4. 냄비에 ③의 녹차물을 붓고 끓인 후 ②의 꼬막을 넣고 삶아낸다.
5. 꼬막의 껍질을 제거하여 알맹이만 추려낸다.
6. 완성접시에 시금치와 꼬막을 올려 디피한다.

> **TIP**
> 녹차 물에 꼬막을 삶으면 꼬막 살이 탱글탱글하고 비린 맛을 제거할 수 있다.

달콤 따끈한 단팥죽

재　료 (5인 기준)

팥 1/4되, 찹쌀떡 6개, 슬라이스 된 아몬드 20g, 로스팅한 녹차 5g, 계피 10g,
설탕 100g, 소금 약간

슬라이스한 아몬드와 녹차를 팬에서 로스팅 한다.

만드는 법

1. 팥을 깨끗이 씻어 팥이 잠길 정도의 물을 붓고 한소끔 끓인 후 끓인 물을 버린다.
2. ①에 계피와 적당량의 물을 붓고 팥이 익을 때까지 푹 삶는다.
3. ②에 소금 간을 한 후 체에 걸러 껍질을 제거한다.
4. ③의 걸러진 팥물에 분량의 설탕을 다시 끓인다.
5. 준비된 그릇에 ④의 단팥물을 담고 찹쌀떡을 넣은 후 그 위에 녹차와 슬라이스한
   아몬드를 올려 장식한다.
6. 기호에 따라 설탕을 첨가하여 시식한다.

2월에
_____

우리의 맛을 찾아서

겨울철 즐겨먹는 유밀과

우리나라 전통다과 중 겨울철에 즐겨먹는 한과류 중 하나인 유밀과는 곡물가루에 설탕과 꿀 등을 넣고 반죽한 다음 다양한 모양을 만들거나 판에 찍어낸 후 기름에 튀기거나 조려서 만든다.

그 중 매작과는 생강즙을 첨가하여 반죽한다. 생강의 독특한 매운맛은 식욕을 증진시켜 줄 뿐만 아니라 우리 몸속의 독성까지 중화시켜준다. 또한 겨울철 몸을 따뜻하게 하는 다양한 성분들이 함유되어 있기에 우리의 옛 선조들은 매작과를 겨울철 다과로 즐겼다.

동백 매작과

재　료　밀가루 1/2컵, 생강 5g, 가루차 10g, 부추물 50cc, 설탕 500g, 당근즙 30cc,
맨드라미꽃물 50cc, 식용유 적당량, 계피가루, 소금, 잣가루 약간

만드는 법
1. 민들레꽃물과 당근즙을 혼합하여 붉은색을 만든다.
2. 가루차와 부추물을 혼합하여 녹색을 만든다.
3. 생강을 곱게 갈아 즙을 만든다.
4. 밀가루에 소금을 넣어 체에 쳐서 ①, ②의 물을 각각 혼합하고 ③을 각각 넣고
   되직하게 반죽을 한다.
5. 반죽한 녹색 밀가루는 잎맥에 찍어 나뭇잎을 만든다.
6. 붉은색 반죽으로 동백꽃잎을 한 잎 한 잎 만들어 꽃 모형을 만든다.
7. 기름을 140℃ 정도로 데워서 재료를 넣어 튀긴 후 설탕 시럽에 담갔다가 꺼내
   꽃 수술 부분에 잣가루를 뿌린다.

시럽 만들기
설탕 500g에 물 350cc를 믹서에 넣고 5분 정도 믹싱 한다.

삼색 주악

재   료   찹쌀가루 3컵, 밀가루 1/2컵, 막걸리 2/3컵, 소금 1/2Ts, 설탕 1/2컵,
          가루차 5g, 오미자 우린 물 100cc, 치자물 100cc, 식용유 적당량
          소 재료 : 팥 앙금, 밤, 대추, 계피가루, 꿀 등

만드는 법

1. 찹쌀가루와 밀가루를 혼합하여 체에 곱게 친다.
2. ①을 3등분으로 나누어 가루차, 오미자 우린 물, 치자물로 3색을 만든다.
3. 설탕과 막걸리를 중간 불에서 끓인다.
4. ③에서 끓인 막걸리와 물을 ②에 넣고 혼합하여 색색이 익반죽한다.
5. 팥 앙금에 설탕을 약간 넣고 조려 놓는다.
6. 대추씨를 뺀 다음 곱게 다지고, 밤은 익혀 체에 내려놓는다.
7. 밤과 대추에 계피를 넣고 수증기에 5분 정도 익혀 소를 만든다.
8. 익반죽한 ④에 ⑤와 ⑦의 소를 넣고 둥근 모양으로 빚어 놓는다.
9. 160℃의 튀김 기름에 둥글게 빚은 ⑧을 넣고 튀긴 다음 꿀에 재워놓는다.
10. 완성접시에 담고 대추말이와 잣으로 장식한다.

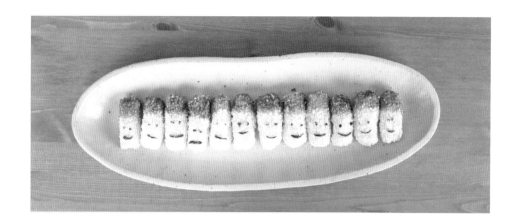

세반강정

재   료 찹쌀 2컵, 소주 1Ts, 설탕 2Ts, 흰콩 3Ts, 세반가루 1컵, 가루차 20g,
찻물(녹차) 1컵, 대추채 약간
집청재료 : 설탕 80g, 꿀 1/2컵, 조청 5Ts

만드는 법

1. 찹쌀을 깨끗이 씻어 3일 정도 물에 담아 두었다가 곱게 빻아서 다시 체에 친다.
2. 불린 콩에 물 1컵을 넣고 믹서에 곱게 갈아 콩물을 만든다.
3. ①의 찹쌀가루를 ②의 콩물에 혼합하여 소주와 설탕을 넣고 반죽한다.
4. ③의 반죽을 찜통에 넣고 수증기로 찐다.
5. ④를 큰 그릇에 담고 방망이로 꽈리치기를 한다.
6. 떡판에 쌀가루를 뿌린 후 ⑤를 고루 펴 놓고 밀대로 5mm두께로 균정하게 민다.
7. ⑥을 1cm x 3cm 크기로 썰어서 꾸덕꾸덕하게 말린다.
8. 80℃의 기름에서 1차 튀긴 다음 140℃로 다시 한 번 더 튀긴다.
9. 설탕, 꿀, 조청을 넣고 끓인 다음 중탕을 하여 집청을 만든다.
10. ⑧을 집청에 담갔다가 세반가루에 묻혀낸다.
11. 가루차를 강정의 1/3만 무친다.
12. 대추채로 눈과 입을 장식한다.

> **TIP**
> 세반가루 만들기 – 찹쌀을 깨끗이 씻어 찜통에 찐 다음 햇볕에 말려 절구에 찧어 만든 가루를
> 기름에 튀겨낸다

산자

재　　료　찹쌀 800g, 흰콩 1Ts, 찻물 1컵, 소주 1/3컵, 녹차 30g,
　　　　　집청꿀(설탕 2Ts, 물엿 1컵, 꿀 5Ts)
　　　　　세반 1컵, 대추 5개, 잣 1/3컵, 식용금가루 약간

만드는 법

1. 앞 장의 세반강정과 같은 방법으로 만든다. (① ~ ⑥번까지 참고).
2. 도마에 밀가루를 바른 다음 친 떡을 붓고 밀가루를 고루 바른다.
3. ②를 밀대로 0.5cm 정도의 두께로 균정하게 민다.
4. ③을 가로 세로 15cm 크기로 썰어서 채반에 종이를 깔고 고루 펴 실온에서 5시간 정도 말린다.
5. ④의 산자가 수분이 약간 있는 상태에서 손질하여 비닐에 포장한 다음 3시간 저온숙성 한다.
6. ⑤를 80℃의 낮은 온도에서 서서히 튀긴다.
　　이때 산자가 부풀어 오르면 네 귀를 잡아 반듯하게 네모 모양을 만든다.
7. 세반과 잣가루를 준비한다.
8. 설탕과 물엿을 약불에서 7분정도 끓인 후 꿀을 넣고 고루 혼합한다.
9. ⑥에서 튀긴 산자를 ⑧에서 만든 집청 꿀에 담근 후 ⑦에서 만든 세반과
　　잣가루를 고루 묻힌다.
10. 산자 위에 대추, 잣, 찻잎, 금가루 등으로 장식한다.

백자편

재 료 잣 1컵, 물 4Ts, 설탕 1/2컵, 물엿 1/2컵, 꿀 1Ts, 식용유 적당량
녹차 50g (녹차를 우려마신 후 건조한 찻잎)

만드는 법
1. 잣을 행주에 깨끗이 닦고 잣의 눈을 제거한다.
2. 물과 설탕을 냄비에 넣고 끓이다가 물엿을 혼합하여 천천히 조린다.
  적당히 조려지면 꿀을 넣고 거품이 나면 ①의 잣과 찻잎을 넣고 나무주걱으로
  재빨리 혼합을 한다.
3. 식용유를 바른 나무 도마에 ②를 붓는다.
4. 지름 2cm 크기의 둥근 모형을 만든다.
5. 자연 건조시킨다.

> **TIP**
> 잣은 100g에 650cal의 열량을 내는 고열량 식품이다.
> 비타민 B군을 비롯하여 철분 함량이 풍부하여 빈혈에 좋은 식품이다.
> 반면 칼슘이 적은 산성식품으로 칼슘이 많은 우유와 함께 섭취하면 잣의 결점을 보완할 수 있다.

가래떡 구이

재　　료　생엽 500g, 멥쌀 2되, 소금 약간, 꿀 적당량

만드는 법
1. 멥쌀을 깨끗이 물에 씻어 6시간 정도 충분히 불린다.
2. ①을 방앗간에서 가루를 낸 다음,
   생엽과 혼합하여 다시 가루를 낸다.
3. ②에 소금 간을 한 후 방앗간의 손을 빌려 가래떡을 만든다.
4. ③을 먹기 좋은 크기로 잘라 약간 건조시킨다.
5. ④를 석쇠에 올려 굽는다.
6. 꿀에 찍어 먹을 수 있도록 준비한다.

녹차 전복초

재 료 전복 10미, 녹차 10g, 간장 100cc, 조청 100cc, 맛술 50cc
　　　　▣ 다시물 450cc (마늘 2통, 생강 2쪽, 대파 200g, 청량고추 2개, 녹차 10g)
　　　　▣ 고명 – 꿀 1Ts, 잣가루 약간

만드는 법

1. 물 500cc에 분량의 재료를 냄비에 넣고 끓여 다시물을 우린다.
2. 다시물을 우리는 동안 전복을 깨끗이 손질한다.
3. ①의 다시물에 손질한 전복을 넣어 살짝 데친다.
4. 데친 ③의 전복을 수저를 이용하여 껍질과 분리한 후 전복에 있는 이를 제거한다.
5. 전복살에 칼집을 낸다.
6. 분량의 간장, 조청, 맛술을 넣고 끓여 조림장을 만든다.
7. ⑥의 조림장에 칼집을 낸 ⑤의 전복과 녹차 10g을 넣고 조린다.
8. ⑦의 조린 전복에 꿀과 잣가루로 고명을 올린다.

3월에

매화향기 피어오르면

홍매가 피었네

재 료 인삼 3뿌리, 엿기름가루 100g, 가루차 10g,
감자 1개, 오미자물 약간, 젤라틴가루 1Ts

만드는 법
1. 엿기름가루를 베자루에 넣는다.
2. 엿기름가루를 따뜻한 물에 30분 정도 담가 두었다가
   주무른다.
3. 인삼을 깨끗이 씻은 후 엿기름물에 넣어 강한 불에서
   3분 끓인다.
4. ③의 인삼을 서늘한 곳에서 약 5시간 정도 건조시킨다.
5. 건조된 인삼을 ③의 물에 가루차와 꿀을 넣고
   약한 불에서 조린다.
6. ⑤를 냉장 드라이 시킨다.
7. 감자의 전분을 제거한 후 오미자 물에 착색시킨다.
8. 꽃 모양을 찍는다.
9. ⑧에 젤라틴을 바른다.
10. 완성 접시에 인삼과 꽃을 장식한다.

당과자

재　료　멥쌀가루 220g, 찹쌀가루 80g, 전분 40g, 설탕 300g,
　　　　물 적당량, 흰 팥앙금 300g, 젤라틴 5g, 딸기잼 5g, 가루차 15g

만드는 법

– 당과자 만들기 –

1. 멥쌀가루와 찹쌀가루, 전분을 혼합한다.
2. ①에 설탕을 혼합하여 체에 곱게 친다.
3. 찜통에 물을 붓고 천을 깐 후 ②의 가루를 넣고 20분 정도 충분히 찐다.
4. 찜통에서 꺼내 식힌다.
5. ④를 천에 싸서 차지게 다시 반죽을 한다.
6. 준비한 팥 앙금에 가루차 10g을 넣어 반죽한다.
7. 젤라틴에 60℃ 물을 붓고 젓는다. 이 때 딸기잼을 함께 혼합한다.
8. ⑦을 식힌 다음 3cm정도 크기로 잘라 놓는다.

– 매화 모형 만들기 –

1. 반죽이 잘된 ⑤를 지름 7cm 정도 크기로 둥글게 만든다.
2. 그 위에 ⑧의 젤라틴을 올려 놓는다.
3. 앙금을 넣고 둥글게 매화꽃 모형을 만든다.

봄의 향연

재　　료　멥쌀가루 3컵, 가루차 20g, 감자 1개, 도라지 4뿌리, 소주 50cc, 설탕, 치자물 약간

만드는 법

– 백설기 만들기

1. 멥쌀을 깨끗이 씻어 6시간 정도 충분히 물에 불린 후 소금을 넣고 곱게 가루를 빻는다.

2. ①의 가루에 가루차와 설탕 그리고 소주를 넣고 혼합한 다음 체에 쳐서 떡가루를 만든다.

3. 시루에 5cm두께로 떡가루를 넣고 20분 정도 충분히 찐다.

– 감자정과 만들기

　　감자를 얇게 썰어 녹말을 제거한 후 냄비에 치자물 50cc에 설탕 1/2컵을 넣고 약 불에서 서서히 끓인 후 꽃을 만들어 자연건조 시킨다.

– 도라지정과 만들기

　　십장생정과 Ⅲ를 참고하세요.

재　　료　 가루차 3g, 슈거파우더 3g, 차양갱 약간, 인삼정과 1뿌리,
　　　　　　 찻잎, 식초, 설탕, 소금, 레몬즙 약간

만드는 법

1. 차양갱을 만들어 나뭇잎 판에 찍는다.
2. 인삼정과를 만들어 냉장 건조시킨다.
3. 햇차를 우려 마신 후 젖은 찻잎에 식초, 설탕, 레몬, 그리고 소금을 약간 넣어 간을 한다.
4. 접시에 먼저 슈거파우더를 뿌린 후 가루차를 뿌리고 ①의 양갱 찻잎을 올려 장식한다.
5. 나무와 가지는 인삼정과로 표현한다.
6. ③의 찻잎을 가지런히 놓는다.

TIP

애피타이저(Appetizer)로 추천해 봅니다.

녹차를 우려 마신 후 젖은 찻잎을 새콤달콤한 소스에 버무려 식욕을 돋구는 요리를 만들어 봅시다.

차를 100% 다 먹을 수 있어 참 좋아요.

홍차 마들렌

재　료　밀가루(박력분) 100g, 베이킹파우더 1/4ts, 설탕 90g, 버터 100g,
　　　　달걀 2개, 홍차 10g, 레몬껍질 다진 것 1/2개,

만드는 법

1. 박력분밀가루와 베이킹파우더는 체 쳐둔다.
2. 버터를 녹여 마들렌 틀에 바르고 밀가루를 입힌다.
3. ②에서 남은 버터를 ①의 밀가루에 넣어 혼합한다.
4. 달걀과 설탕을 볼에 넣고 설탕이 녹을 때까지 잘 저어준다.
5. ④에 ③과 분쇄한 홍차가루, 다진 레몬껍질을 넣고 잘 혼합한다.
5. ⑤를 마들렌 틀에 7부정도 붓는다.
6. 180℃로 예열된 오븐에 15분정도 구워낸다.

감자 크루스타드(Potato Croustade)

재   료   식빵 8장, 감자 1개, 햄 4장, 달걀 1개, 호두 20g, 청포도 8알, 마요네즈 1Ts

만드는 법

1. 크루스타드 만들기
① 식빵을 밀대로 밀어 하트 모양틀로 찍어낸다.
② 머핀틀 안에 ①의 식빵을 넣고 그 위에 머핀틀 컵을 올려놓는다.
③ 170℃의 오븐에 ②를 넣고 6분 굽는다.

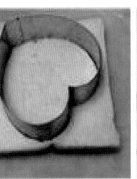 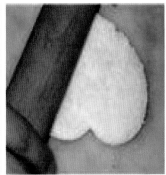  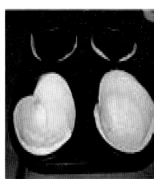

2. 감자 샐러드 만들기
① 감자를 깨끗이 씻어 찐 후 뜨거울 때 으깬다.
② 달걀을 삶아 노른자는 으깨고 흰자는 잘게 다진다.
③ 햄은 모형틀로 둥글게 찍어낸다.(8개) 그리고 남은 분량의 햄은 잘게 다진다.
④ ①의 으깬 감자에 ②와 ③ 그리고 마요네즈를 넣고 잘 섞는다.

3. 감자 크루스타드 만들기
① 크루스타드에 둥근 모형틀로 찍은 햄을 올려놓고 그 위에 감자 샐러드를 담는다.
② ①위에 호두와 청포도로 장식하여 완성한다.

TIP
청포도 대신 계절에 따라 다양한 과일을 장식할 수 있다.

봄의 전령사 웃지지

재　　료　찹쌀가루 160g(8개 분량), 소금 약간, 꿀
　　　　　소(녹두앙금 40g),
　　　　　색소 – 분홍빛(비트물) 녹빛(가루차), 노랑빛(치자)
　　　　　고명 – 어린 쑥잎, 대추말이

만드는 법

1. 찹쌀가루를 4등분하여 색소를 넣어 색상별로 각각 익반죽한다.
2. 반죽한 ①을 20g씩 등분하여 둥글게 빚어 놓는다.
3. 팬에 약간의 기름을 두르고 약 불에서 반죽한 ②를 지름 6cm 크기로 펼쳐가며 익힌다.
4. ③의 중앙에 둥글게 빚은 녹두앙금을 넣고 양쪽을 접는다.
5. ④의 떡 위에 준비된 고명을 얹어 장식한다.
6. ⑤에 꿀을 발라 접시에 디피한다.

봄을 머금은 금귤정과

재   료 금귤 5kg, 조청 1kg, 잣 200g

만드는 법

1. 금귤을 깨끗이 씻는다.
2. 깨끗이 씻은 ①의 금귤을 끓은 물에 살짝 데친다.
3. ②를 반으로 자른 후 금귤 안의 과육을 제거한다.
4. 냄비에 분량의 조청과 ③의 금귤을 넣고 끓어오르면 약 불로 줄여 1시간 정도 조린다.
5. 조린 ④의 금귤을 체에 받쳐 조청물을 제거한다.
6. ⑤의 조려진 금귤 1개에 3~4개의 잣을 넣고 말아 타원형으로 만든다.
7. 완성된 금귤을 다양하게 디피한다.

TIP

금귤의 과육은 씨를 제거한 후 설탕 또는 조청에 조려 잼을 만들어 각종 음식에 다양하게 사용하면 좋다.

4월에

꽃놀이 가면서

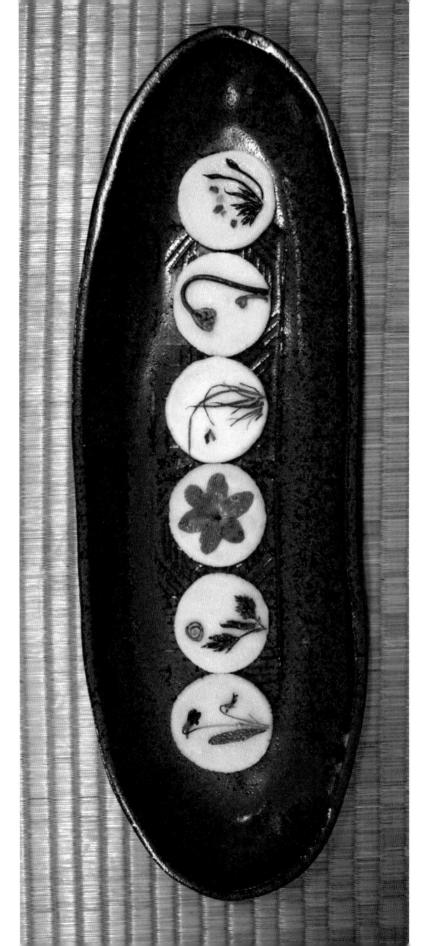

화전

재   료   찹쌀가루 4컵, 60℃의 뜨거운 물 1/2컵, 꿀 적당량, 식용유 약간
          장식 – 진달래꽃, 제비꽃, 고사리, 파, 톳, 쑥, 다진 당근, 대추

만드는 법

1. 찹쌀가루에 소금을 넣고 익반죽한다.
2. 팬에 ①을 6cm정도의 크기로 둥글게 빚는다.
3. 잘 익힌 ②를 뒤집어 각각의 고명을 올려 장식한다.
   (진달래, 제비꽃, 고사리, 다진 당근과 파, 톳과 다진 당근, 쑥과 대추)
4. 팬에서 충분히 익힌다.
5. 잘 익힌 화전은 팬에서 꺼내어 꿀을 고루 묻혀 그릇에 담아낸다.

TIP

제비꽃과 고사리를 장식할 때는 가루차를 사용하여 숲을 표현해보자.
파는 가늘게 썰어 난을 표현해보면 어떨까?

산에는 꽃이 피네

재 료 가루차 25g, 한천 20g, 팥 앙금 1kg, 설탕 1컵, 물 200cc,
        당근 약간, 찻잎 약간

만드는 법
1. 흰 팥을 깨끗이 씻어 중간 불에서 1시간 정도 끓인다.
2. 팥 앙금을 낸다.
3. 물 200cc에 가루차를 넣고 혼합한 후 여기에 가루 한천과 설탕을 넣어 잘 배합한다.
4. ③에 ②의 팥 앙금을 넣고 중간 불에서 윤기가 나도록 서서히 젓는다.
5. ④가 완성되면 모형을 만든다.
6. 당근을 잘게 다진 다음 건조기에 3시간 정도 건조시킨다.
7. 잘 말려진 당근을 ⑤에 장식한다.
8. 녹차 우리고 난 젖은 찻잎을 약간 건조시킨 다음, 당근과 함께 양갱위에 장식한다.

찻잎 달걀말이

재　료　생엽 50g, 달걀 4개, 소금, 식용유 약간

만드는 법
1. 생엽을 깨끗이 씻어 뜨거운 물에 넣고 살짝 데친다.
2. ①의 생엽을 소금으로 간한다.
3. 달걀에 소금을 약간 넣고 잘 푼다.
4. 팬에 식용유를 두르고 달걀을 붓고 살짝 익으면 ②의 찻잎을 올려 달걀말이를 한다.
5. 달걀말이가 완성되면 사선으로 썰어 장식한다.

차나물

재   료 찻잎(생엽) 100g, 참기름 약간, 깨, 소금 약간, 홍고추 5개

만드는 법
1. 생엽을 깨끗이 물에 씻는다.
2. ①에서 준비한 생엽의 물기를 제거한 후 다관에 넣고 뜨거운 물에 생엽차를 우린다.
3. ②에서 우린 찻잎에 참기름, 깨, 소금을 넣고 가볍게 양념한다.
4. 홍고추를 얇게 썰어 링을 만든다.
5. ④의 홍고추 링에 ③의 찻잎을 끼워 완성한다.

찻잎 간장장아찌

재 료 찻잎 500g, 진간장 2컵, 집간장 1/2컵, 다시마 5cm크기 2장,
      마른고추 2개, 물엿 1/2컵

만드는 법

1. 찻잎을 깨끗이 씻어 물기를 제거한다.
2. 냄비에 물 1컵을 붓고 다시마 2장을 넣고 끓인다.
3. ②에 진간장과 집간장, 마른고추를 넣어 다시 한 번 끓인다.
4. ③에서 끓인 간장을 차게 식힌다.
5. ④에 ①의 찻잎을 넣어 냉장 보관한다.

> **TIP**
> 찻잎 장아찌는 탄닌성분이 강하기 때문에 6개월 이후부터 먹으면 부드럽다.

찻잎 고추장장아찌

재　　료　찻잎 500g, 고추장 1컵, 조청 1/2컵, 다시마물 1/2컵, 소금 약간

만드는 법
1. 찻잎을 깨끗이 씻어 물기를 완전히 제거한다.
2. 냄비에 분량의 고추장과 조청, 소금 그리고 다시마 물을 넣고 중불에서 천천히
   저어가며 끓인다.
3. ②를 차게 식혀 ①의 찻잎을 넣고 버무린다.
4. ③을 보관할 통에 담아 냉장고에 저장해 놓는다.

토마토 찻잎 주먹밥

재　　료　토마토 3개, 밥 1공기, 녹차 5g, 찻잎, 깨, 소금 약간

만드는 법

1. 뜨거운 물에 토마토를 넣어 살짝 데쳐 껍질을 제거한다.
2. 녹차를 절구에 빻는다.
3. 공기밥에 ②의 빻은 녹차와 깨를 넣고 혼합하면서 소금으로 간을 맞춘다.
4. ③을 한입 크기로 둥글게 빚는다.
5. ①의 토마토를 0.7cm 두께로 슬라이스한 후 ④의 주먹밥을 올려놓는다.
6. ⑤의 주먹밥에 찻잎으로 장식한다.

1석 3조! 찻잎 이렇게 드세요

재 료   녹차 우려낸 찻잎 50g, 주먹밥 10개, 녹차 200cc, 소금 약간
소스 - 간장 1Ts, 식초 1/2ts, 설탕 1ts, 레몬 1/4ts

만드는 법

1. 냄비에 물 200cc와 소금 약간을 넣고 끓인다.
2. 체에 차 우리고 난 젖은 찻잎을 담아 ①의 물을 붓는다.
3. 체에서 물기가 완전히 빠진 ②를 볼에 담아 분량의 소스을 넣어 무친다.
4. 유리볼에 ③의 찻잎 무침을 적당량 담는다.
5. 찻잎무침을 담은 ④에 주먹밥을 올려 놓는다.
6. 유리컵에 녹차를 담고 그 위에 ⑤의 유리볼을 올려 장식한다.

5월에

감사의 마음을 담아

차향 가득한 요거트에 딸기가…

재　료　딸기, 요구르트 드레싱(요구르트 300cc, 레몬즙 1ts, 설탕 1ts,
　　　　가루차 1Ts, 소금 1/4 ts

만드는 법

1. **요거트 드레싱 만들기**

   요구르트에 가루차와 레몬즙 그리고 설탕, 소금을 넣고 혼합하여 드레싱을 만든다.

2. **딸기 손질**

   딸기는 식초 물에 약 3분 정도 담근 후 흐르는 물에 깨끗이 씻은 후 물기를 완전히
   제거한다.

3. **요거트와 딸기의 만남**

   ②의 딸기를 접시에 놓고 ①의 드레싱을 붓는다.

TIP
요거트 드레싱은 각종 샐러드와도 궁합이 잘 맞는 드레싱이다.

딸기 차 경단

재　료　찹쌀가루 2컵,　딸기 10송이,　가루차 6g,　소금, 올리브유 약간

만드는 법

1. 찹쌀가루에 약간의 소금과 가루차를 혼합한 다음 따뜻한 물을 부어 익반죽을 한다.
2. 딸기를 깨끗이 씻어 물기를 제거한다.
3. ①의 찹쌀반죽으로 딸기 표면을 감싸 둥근 완자를 만든다.
4. 냄비에 물을 넉넉히 붓고 물이 팔팔 끓으면 약간의 소금을 탄 다음 ③의 딸기 완자를 넣는다.
5. 끓는 물 위로 둥둥 떠오르면 건져서 찬물에 담근다. 이때 올리브유를 한 방울 넣는다.
6. ⑤에서 준비한 완자의 물기를 완전히 제거한 후 반쪽으로 잘라 완성 접시에 담는다.

> **TIP**
> 비타민 C의 보고라 할 수 있는 딸기는 새콤달콤한 맛을 자아내는 유기산과 안토시아닌의 색상,
> 거기에 딸기의 독특한 향이 봄철 우리의 입맛을 사로잡고 있으며 생식으로 먹기에 참 좋다.
> 이와 같은 딸기의 영양 성분을 모두 체내에 흡수시키기 위해서는 설탕을 첨가 하지 않는 것이 좋다.
> 그 이유는 설탕이 딸기의 사과산과 구연산 등의 흡수를 막고 영양효율을 낮추기 때문이다.

오월의 속삭임

재 료 생엽 100g, 제비꽃 20송이, 한천 15g, 젤라틴 2Ts, 설탕 1Ts,
소금 약간, 물 200cc

만드는 법

1. 생엽을 정선하여 깨끗이 씻고 물기를 제거한다.
2. 한천을 물에 1시간 정도 불린다.
3. 생엽을 믹서에 간 후에 물 200cc를 넣어 희석시켜 걸망에 따른다.
4. 물에 불린 한천을 냄비에 넣고 ③의 물을 붓고 끓인다.
5. ④에 설탕 1Ts을 첨가하여 끓인다.
6. 다 끓인 후 젤라틴을 넣고 젓는다.
7. ①의 찻잎과 제비꽃을 접시에 장식한다.
8. ⑦의 위에 ⑥을 천천히 붓는다.
9. ⑧을 시원한 곳에서 냉각시킨다.
10. 완성 접시에 놓는다.

찻잎 부각

재   료   차잎(생엽) 500g, 찹쌀가루 1컵, 다시물 200cc, 올리브유 1Ts,
          식용유 500cc, 설탕 약간
          다시물 재료 : 다시마, 가죽잎, 마늘, 버섯

만드는 법
1. 찻잎은 1창 3기를 채취하여 깨끗이 씻어 물기를 제거한다.
2. 냄비에 찹쌀가루와 다시물을 넣고 잘 저어가며 끓인다.
   이때 분량의 올리브유를 넣어 준다.
3. 찻잎에 ②를 고루 발라 햇볕에 건조시킨다.
4. 팬에 분량의 식용유를 붓고 180℃의 온도에서 바삭하게 튀겨낸다.
5. 튀긴 찻잎부각에 설탕을 뿌린다.

컵 플루츠
(Cup Fruits)

재　　료　파프리카(황, 1/2개, 오이 1/2개, 사과 1/4개, 키위 1개,
　　　　요플렛 50g, 생크림 50g, 녹차가루 10g, 아기채소 또는 찻잎약간

만드는 법
1. 분량의 파프리카(적, 황), 오이, 키위, 사과를 0.5cm의 크기로 자른다.
2. ①을 혼합하여 유리컵에 담는다.
3. 분량의 요플렛과 생크림, 그리고 가루차를 혼합한다.
4. ②에 ③을 올린다.
5. ④의 위에 아기채소 또는 찻잎으로 장식한다.

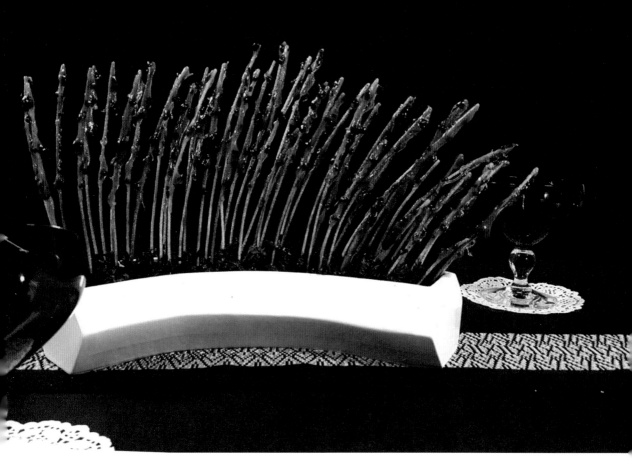

홍차스틱

재   료   홍차 10g, 설탕 100g, 육포 50g, 파스타 100g, 식용유 200cc

만드는 법

1. 홍차시럽 만들기
① 티팟에 홍차 10g과 100℃ 끓는 물 100cc를 넣고 5분 충분히 우린다.
② 냄비에 ①의 홍차 우린 물에 설탕 100g을 넣고 끓여 홍차시럽을 만든다.

2. 스틱 만들기
① 분량의 육포를 잘게 다진다.
② 팬에 분량의 기름을 부어 120℃의 온도에서 파스타를 넣고 튀긴다.
③ ②의 튀긴 파스타에 홍차시럽을 바른 다음 ①의 다진 육포를 묻힌다.
④ 접시에 홍차스틱을 디피하여 심미감을 높인다.

차속에 빠진 살사 소스와 두부의 만남

재　료 두부

* **소스 재료** – 올리브유 4Ts, 식초 2Ts, 올리고당 2Ts, 가루차 1Ts, 레몬즙 약간,
　　　　　　 양파즙 1ts, 다진 파프리카(노랑, 빨강색) 2Ts, 다진 피망 1Ts,
　　　　　　 다진 양파 1Ts, 소금 약간
* **고명** – 새우, 브로콜리

만드는 법

1. 살사소스 만들기

　1) 올리브에 식초와 올리고당, 가루차를 넣고 먼저 혼합한다.

　2) ①에 다진 파프리카와 다진 피망, 양파, 소금 등을 넣고 잘 배합한다.

　3) 양파를 강판에 갈아서 즙을 낸다.

　4) ③의 양파즙과 레몬즙을 ②에 혼합한다.

2. 두부장식하기

　1) 두부를 3cm×3cm×6cm 크기로 자른 후 끓는 물에 살짝 데쳐 물기를 제거한다.

　2) ①의 두부위에 고명으로 브로콜리와 새우를 장식한 후 살사소스를 붓는다.

죽순떡갈비

재　료　죽순 3장, 소고기 100g, 가루차 5g, 밀가루 1Ts, 소금 약간
　　　소고기 양념재료 : 다진 파 2TS, 간장 3Ts, 설탕 1TS, 참기름 1TS, 후추 약간

만드는 법

1. 죽순을 손질하여 물기를 제거한 후 소금 간을 한다.
2. 소고기를 곱게 다져 양념한다. 이 때 가루차를 첨가한다.
3. 죽순 안쪽 부분에 밀가루를 살짝 뿌린다.
4. ③의 죽순에 ②의 소고기를 올린다.
5. 예열된 오븐에 180℃의 온도에서 15분간 굽는다.

TIP. 죽순전을 한번 만들어 볼까요?

1. 물기를 제거한 죽순에 소금 간을 한다.
2. 팬에 식용유를 넣고 ①의 죽순을
   노릇하게 지진다.
3. ②에 채친 대파로 난을 쳐 한 폭의 그림을
   표현해 본다.

6월에

신록의 유혹

차 라이스 케익

재 료 가루차 30g, 찻잎약간, 멥쌀 3컵, 소금 약간

만드는 법

1. 찻잎을 깨끗이 씻어 물기를 제거한다.
2. 멥쌀을 씻어 밥을 지은 후 볼에 밥을 떠서 한 김 식힌다.
3. ②에 분량의 가루차와 소금을 넣고 잘 혼합한다.
4. ③을 둥근 케익 틀에 넣고 모형을 만든다.
5. 흰밥은 약 3cm정도 크기로 볼을 만들어 ①의 찻잎으로 장식한다.
6. ④의 둥근 라이스케익 둘레에 ⑤의 찻잎으로 장식한 흰밥 볼을 배치한다.

> **TIP**
> 차 속에 함유되어 있는 폴리페놀성분은 식중독 예방과 살균작용까지 함께 하므로 여름철 음식에 차를 첨가하여 안전식단을 만들어 보자.

두부의 화려한 외출

재   료 두부 1모, 한천 10g, 젤라틴 10g, 물 200cc, 소금 약간
        고명(무순, 홍고추, 청고추, 피망, 당근 약간)
        소스(가루차 5g, 양파즙 2Ts, 레몬즙 2Ts, 진간장 1Ts, 꿀 2Ts, 소금 약간)

만드는 법

1. 한천을 미지근한 물에 30분 정도 불린다.
2. 냄비에 물 200cc와 약간의 소금을 넣은 후 ①의 한천을 넣어 끓인다.
3. ②의 한천물이 60℃ 정도 되었을 때 분량의 젤라틴을 넣어 혼합한다.
4. 물기를 제거한 두부를 틀에 넣고 ③의 액상을 붓는다.
5. ④에 고명을 얹어 장식한다.
6. ⑤를 냉장고에 넣어 고착시킨다.
7. 접시에 소스를 붓고 그 위에 ⑤를 얹어 놓는다.

상추쌈 위에 차밥을

여름철 별미인 상추쌈은 식욕을 잃기 쉬운 여름날 식욕을 증진시켜주는 식품이다.

상추를 많이 섭취하게 되면 잠이 오는데 이 같은 현상 때문에 불면증환자와 신경과민 환자들에게

도움이 되는 식품이다.

상추를 많이 섭취하게 되면 누런 치아가 하얗게 착색된다는 설이 있다.

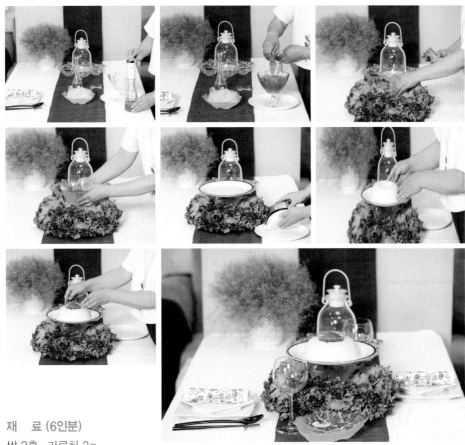

재　료 (6인분)
쌀 3홉, 가루차 3g,
녹차 3g, 녹찻물,
소금 약간, 녹차된장, 상추

만드는 법
1. 쌀을 깨끗이 씻어 녹차 우린 물에 밥을 짓는다.
2. ①의 밥 1/2에 소금 간을 한 후 한 김 식힌 후 파쇄된 녹차를 넣고 배합한다.
3. 가루차 3g에 따뜻한 물 20cc를 넣어 저은 다음 ①의 남은 1/2밥에 약간의 소금 간을 한 후
   배합한다.
4. 냉면기에 참기름을 바른 후 ②의 밥과 ③의 밥을 넣어 모형을 만든 후 큰 접시에 뒤집어 놓는다.
5. ④의 밥 중앙에 된장을 양념하여 작은 유리컵에 담아 놓는다.
6. ⑤의 밥을 상추와 함께 테이블 중앙에 디피하면 훌륭한 센터피스가 된다.

감자 그라탕

재 료

감자5개,
버터 40g,
달걀노른자 1개,
생크림 50g
양파 1개,
마늘 1통(6~7쪽),
당근 1/3개,
다진 돼지고기 100g,
다진 쇠고기 100g,
다진 시금치 50g,
다진 양송이버섯 40g,
다진 토마토 30g,
버터 30g,
가루차 10g, 넛맥, 후추, 소금 약간, 모짜렐라 치즈 40g, 아몬드 슬라이스 50g

만드는 법

1. 분량의 다진 돼지고기와 쇠고기에 가루차와 후추, 소금으로 간을 해서 재어 놓는다.
2. 팬에 버터와 다진 양파, 마늘을 넣고 갈색이 될 때까지 볶는다.
3. ②에 다진 당근을 넣고 함께 볶는다.
4. ③에 ①의 고기를 넣고 함께 볶는다.
5. ④에 분량의 다진 시금치, 다진 양송이버섯을 넣고 볶는다.
6. ⑤에 다진 토마토를 넣고 볶는다.
7. ⑥에 약간의 소금과 넛맥으로 간을 한다.

감자 듀세스 만들기

1. 감자를 삶아 뜨거울 때 버터를 넣고 으깬다.
2. ①에 달걀 노른자와 생크림을 넣고 함께 혼합한다.
3. ②에 소금과 넛맥으로 간을 한다.

오븐에 굽기

1. 오븐 팬에 ⑦의 베이스 요리를 담는다.
2. ① 위에 감자 듀세스를 고루 편다.
3. ②위에 아몬드와 모짜렐라 치즈를 듬뿍 뿌린다.
4. 예열된 오븐에 ③을 180℃에서 15분간 굽는다.

머윗잎 조림과 쌈밥

재　　료　머윗잎 200g, 머윗대 300g, 조청 1/3컵, 간장 1/3컵, 다시물 1/3컵, 밥 1공기
　　　　　마른 가죽잎 30g, 매운 고추 1개, 녹차 3g, 된장 약간, 소금 약간

만드는 법

■ 머윗잎 조림
1. 머윗잎을 끓는 물에 푹 삶아 하루정도 찬물에 담가 쓴맛과 아린 맛을 제거한다.
2. ①의 머윗잎을 냄비에 넣고 분량의 다시물, 조청, 간장을 붓고 약 불에서 서서히 조린다.
3. 완성 접시에 놓는다.

■ 머윗잎 쌈밥
1. 머윗잎을 끓는 물에 푹 삶아 하루정도 찬물에 담가 쓴맛과 아린 맛을 제거한다.
2. ①의 머윗잎 물기를 제거한다.
3. 밥을 한 입 크기 정도로 뭉친 다음 밥 안에 녹차와 된장을 약간 넣고 주먹밥을 만든다.
4. ③의 주먹밥을 ②의 머윗잎으로 곱게 싸서 쌈밥을 만든 후 채반에 담아낸다.

핑거 샌드위치

재 료 식빵 10장, 오이 1개, 버터 100g, 녹차 30g

만드는 법
1. 녹차를 분쇄한다.
2. 냄비에 버터를 넣고 녹인 뒤 한 김 식혀 ①의 녹차를 넣는다.
3. 오이는 깨끗이 씻어 식빵길이에 맞춰 2mm 두께로 자른다.
4. 식빵에 ②의 버터를 바른다.
5. 버터를 바른 식빵위에 ③에서 준비한 오이를 올려 김밥처럼 말아 랩에 싸 고정시킨다.

새송이 버섯과 오이, 그리고 차의 만남

재   료   새송이버섯 10개, 오이 5개, 고명(깨, 금가루)
           맛장재료 – 표고버섯 5개, 다시마 1장, 마늘 2통, 양파 2개, 가죽잎 100g,
           콩 1홉, 간장 300cc, 조청 300cc

만드는 법

▣ 맛장 만들기

1. 콩, 표고버섯, 다시마, 마늘, 양파, 가죽잎 등을 냄비에 넣고 물 1000cc를 부어
   센 불에서 끓인 후 약 불에서 1시간정도 끓여 다시물을 만든다.
2. ①의 다시물에 분량의 간장과 조청을 넣고 약 불에서 30분 정도 다시 끓인다.
3. 맛장이 완성되면 체에 걸러낸다.

▣ 장아찌 만들기

1. 새송이와 오이 그리고 찻잎을 깨끗이 씻어 물기를 제거한다.
2. ①의 새송이와 오이 그리고 찻잎을 보관통에 담아 무거운 돌로 눌러 놓는다.
3. ②에 뜨겁게 끓인 맛장을 붓는다.
4. 맛장의 염도가 낮기 때문에 필히 냉장보관 해야 한다.

TIP

장아찌에 생엽(찻잎)을 넣으면 새송이의 야릇한 물내음이 사라지고 오이는 잘 무르지 않고 쫄깃해진다.

살구과편

재 료 살구 20개, 설탕 60g, 청포가루 50g, 잣 약간,소금 약간

만드는 법
1. 살구를 깨끗이 씻어 씨를 제거한 후 분량의 설탕에 재어 둔다.
2. ①의 살구즙이 우러나오면 믹서기에 간다.
3. ②를 냄비에 넣어 불을 조절하면서 끓인다.
4. ③에 분량의 청포가루와 소금을 넣고 약 불에서 조린다.
5. ④를 볼에 담아 굳힌다.
6. ⑤의 살구과편 위에 잣을 올려 장식한다.

살구아이스티

재 료
홍차(스리랑카산 딤블라) 5g, 물 200cc, 살구원액 100cc, 살구 1개, 탄산수 50cc

만드는 법
1. 아이스티 만들기
    1) 포트에 200cc의 물을 부어 100℃로 끓인다.
    2) 티팟에 분량의 홍차를 넣고 식힌 ①의 물을 부어 냉장고에 30분 냉침시킨다.
2. 살구 원액 만들기
    1) 살구를 깨끗이 씻어 반으로 잘라 씨를 제거한다.
    2) 보관통에 ①의 살구를 담고 설탕을 넣어 25℃실온에서 하루정도 숙성시킨다.
    3) ②의 통에서 살구와 원액을 분리시켜 냉장 보관한다.
3. 살구 아이스티 만들기
    1) 티팟에 냉침한 홍차 200cc와 탄산수 50cc, 살구원액 100cc를 넣어 혼합한다.
    2) 유리잔에 ①의 살구 아이스티를 부은 후 살구를 넣어 장식한다.

7월에

어느 여름밤

연잎차밥

재　료　멥쌀 1/2되, 찹쌀 1/2되, 녹차 20g, 잣, 대추, 밤, 은행, 검정콩,
연자소심 약간, 소금 약간

만드는 법

1. 멥쌀과 찹쌀을 깨끗이 씻어 1시간 정도 불린다.

2. 녹차를 우려 밥물로 사용한다.

3. 밥, 연자, 소심, 검정콩 등을 깨끗이 씻어 ①에 혼합한 후 ②의 물과 약간의 소금을 넣고 20분
   정도 충분히 찐다.

4. ③의 밥이 한소끔 끓으면 잣, 대추, 은행 그리고 차를 넣고 혼합한 후 연잎에 곱게 싸서 다시 약
   10분 정도 충분히 찐다.

TIP

1. 연자(蓮子)

본초강목에 연자(연밥)는 기력을 왕성하게 하고, 오래도록 복용하면 모든 질병을 물리치며 몸이 가벼워
짐은 물론이며 장수식품이라 기록되어 있다.

또한 중국 결혼식 풍습에는 피로연의 음식으로 연자밥을 필수로 올린다고 한다.

2. 연자의 일반 성분

수분 67%, 단백질 8.1%, 지방 6.3%, 당질 21%, 섬유 1.5%, 회분 1.5%, 칼슘 96mg,
인 220mg, 철분 1.8mg, 비타민 B1 0.19mg, 비타민 B2 0.08mg, 나이아신 1.6mg

야채묵과 차 소스

재　료　생엽 100g, 국수(소면) 150g,
　　　　부추 100g, 재첩국 500cc,
　　　　브로콜리 50g, 새우 100g,
　　　　한천 100g, 젤라틴 50g, 소금, 간장 약간

만드는 법
1. 한천을 깨끗이 씻어 물에 불린다.(한천 특유의 냄새 제거)
2. 재첩국을 끓인다. 이때 ①의 한천을 넣고
　　간장과 소금으로 간을 한다.
3. 국수를 삶아 물기를 제거한다.
4. 생엽과 부추는 손질하여 깨끗이 씻어 물기를 제거한다.
5. ②의 재첩국물에 젤라틴을 혼합하여
　　사각틀에 1/4만 붓는다.
6. ⑤위에 국수를 먼저 놓고 부추와 생엽을 그 위에 올린 후 다시 ②의 물을 붓는다.
7. ⑥위에 새우와 브로콜리로 장식한다.

닭발완자와 차 소스

재 료 닭발 200g, 밀가루 1/2컵, 고추 2개, 마늘 4쪽, 가루차 2Ts,
생강즙 약간, 식용유 적당량
소스 – 고추장 1Ts, 가루차 1Ts, 설탕 1/2Ts, 조청 1/2Ts, 다진 파 1Ts

만드는 법

1. 닭발 뼈를 제거한 후 물에 깨끗이 씻어 물기를 제거한다.
2. 마늘과 고추를 다진 후 가루차, 밀가루, 생강즙을 넣고 반죽한다.
3. ①의 닭발에 ②의 반죽으로 옷을 입혀 완자를 만든다.
4. 180℃ 식용유에 튀겨낸다.
5. 고추장소스를 만들어 ④의 완자를 넣고 혼합한다.
6. 완성 접시에 놓는다.

감자는 알칼리성 식품으로 다양한 요리를 할 수 있다.

그러나 감자 싹에는 식중독의 원인이 되는 솔라닌이라는 독소가 있으므로 조리할 때는 반드시

감자 싹과 싹 주위의 파랗게 변한 부분을 제거한 후 조리해야 한다.

장미로 변신한 감자꽃 정과

재 료   감자 1개, 설탕 50g. 물 50g, 치자 1/2개, 히비스커스 1g,
        인절미 재료 (찻잎(생엽) 100g, 찹쌀 500g, 소금 약간)

감자꽃 정과 만드는 법

1. 감자를 씻어 얇게 슬라이스한 후 물에 담가 전분을 제거한다.
2. 냄비에 분량의 물과 설탕, 치자, 히비스커스를 넣고 끓인다.
3. ②를 체에 거른 후 한 번 더 끓인다.
4. ③의 뜨거운 상태에서 ①을 넣고 1시간 정도 충분히 재어 놓는다.
5. ④를 건져서 건조시킨다.
6. ⑤를 한 잎, 한 잎 붙여 장미꽃을 만든다.
7. 찻잎 인절미에 ⑥을 장식한다.

인절미 만드는 법

  찻잎과 찹쌀을 깨끗이 씻어 물기를 제거한 후 약간의 소금을 넣고 시루에
  충분히 쪄낸 후 절구질하여 인절미를 완성한다.

오이 차국수

재 료 닭 1마리, 생강 1쪽, 대파 1뿌리, 오이 5개, 배 1/5개,
달걀 2개, 석이버섯, 당근 채 약간, 차 국수 200g, 소금 약간

만드는 법
1. 닭을 손질하여 뼈와 살을 분리한다.
2. 닭 뼈와 생강, 대파, 소금 등을 넣고 충분히 삶는다.
3. ②의 닭 육수를 냉장 보관하여 기름기를 완전히 제거한다.
4. 오이를 깨끗이 씻어 가늘게 채 썬다.
5. ④의 채 썬 오이에 소금 간을 하여 보자기에 쌓아 물기를 제거한다.
6. 차 국수를 뜨거운 물에 삶아낸 다음 찬물에 씻어 물기를 제거한다.
7. 고명으로 배 채, 당근 채, 달걀지단, 석이버섯 등을 준비한다.
8. 그릇에 ⑥의 삶은 차 국수를 담고 그 위에 ⑤의 오이채와 ⑦의 고명을 올린 후
   닭 육수를 충분히 붓는다.

칠절판

재　　료　오이 80g, 당근 60g, 달걀 3개, 찻잎 50g, 양배추 50g,
표고버섯 80g, 소금, 후추, 마늘, 참기름, 식용유 등
밀전병 – 밀가루 5Ts, 가루차 5g, 소금약간, 물 5Ts

만드는 법

1. 오이와 당근은 5cm 길이로 자른다.
   오이의 껍질을 조심스레 돌려깎기하여 채를 썰어 소금에 약간 절였다가 물기를 완전히 제거한 후
   기름에 살짝 볶는다.
2. 당근을 채 썰어 팬에 볶는다. 이때 참기름과 소금을 넣어 양념한다.
3. 달걀은 흰자와 노른자로 분리하여 지단을 얇게 부친 후 채 썬다.
4. 찻잎은 녹차를 우려 마시고 난 찻잎을 이용하는데, 먼저 물기를 제거한 후 팬에 찻잎을 넣고 소금
과 참기름으로 양념한다.
5. 버섯은 설탕물에 약간 불린 후 물기를 제거한다. 그리고 채를 썰어 팬에 넣고 참기름, 후추, 마늘,
소금 등으로 양념하여 볶는다.
6. 양배추는 채 썰어 팬에 참기름과 소금을 넣고 간을 한 후 살짝 볶는다.
7. 밀전병은 밀가루에 가루차를 혼합한 후 소금 간을 하여 묽게 반죽한 다음 팬에 한 수저씩 붓고
   직경 6cm정도 크기로 얇게 부친다.

바닐라 아이스밀크티

재　료　홍차시럽 30cc,
　　　　　바닐라아이스밀크티 100cc,
　　　　　민트 1잎,
　　　　　오렌지 필 약간,
　　　　　슬라이스오렌지 1링

만드는 법

1. 홍차시럽 만들기 - 우려홍차 10g, 바닐라빈 1개, 계피 0.5g, 설탕 10cc,
　　물 100cc를 냄비에 넣고 약 불에서 20분 정도 끓여서 완성한다.
2. 아이스밀크는 우유를 냉동실에 보관하여 얼린 후 제빙기에 갈아서 준비해 둔다.
3. 오렌지 필은 오렌지를 깨끗이 씻어 껍질을 깎아 잘게 다져 건조시킨다.
4. ③의 건조시킨 오렌지 필을 컵의 입면에 고루 묻힌다.
5. ④의 컵에 ①의 홍차시럽 50cc를 붓는다.
6. ②의 아이스 밀크를 ⑤의 컵에 가득 올려놓는다.

파인애플 꽃으로…

재   료   말린 파인애플 10개, 카스테라 1개, 가루차 10g, 꿀 약간

만드는 법
1. 말린 파인애플을 꽃잎처럼 자른다.
2. 카스테라를 체에 내려 가루를 만든다.
3. ②에 가루차를 넣어 혼합한다.
4. ①의 파인애플 꽃잎 앞면에 꿀을 바른다.
5. ④에 ③의 가루를 묻힌다.
6. 완성접시에 꽃으로 장식한다.

8월에

여름을 이기는 힘

차 머금은 임자수탕

재 료 닭 가슴살 100g, 참깨 1/2컵, 잣 1/3컵, 달걀 2개, 오이 1개,
표고버섯 4장, 생강 1쪽, 대파 1뿌리, 마늘 6쪽, 물 9컵,
가루차 5g, 후추가루 약간, 간장, 참기름, 설탕, 소금 약간

만드는 법
1. 닭 가슴살, 대파, 생강, 마늘과 물 600cc를 넣고 끓인다.
2. ①의 육수를 식혀 기름을 제거한 후 냉장 보관한다.
3. 닭고기는 잘게 찢어 양념해 놓는다.
   양념 : 간장, 설탕, 참기름, 다진 파, 마늘, 깨소금, 후추 가루 등
4. 참깨와 잣 그리고 물 200cc를 곱게 갈아 체에 거른다.
5. 달걀은 흰자와 노른자를 분리하여 지단을 지져 채 썬다.
6. 오이는 소금에 비벼 씻은 후 곱게 채를 썬다.
7. 표고버섯은 물에 불린 다음 채를 썬 후 간장 양념을 하여 팬에 볶는다.
8. 사발에 양념된 닭고기를 넣고 그 위에 고명(오이, 달걀지단, 표고버섯 등)을 올린다.
9. ⑧에 ④에서 준비한 깨국을 붓는다.
10. ⑨에 가루차를 고명으로 올린다.

TIP

여름철 입맛을 잃었을 때 최고의 영양식으로 임자수탕을 추천한다.

임자수탕은 고소함의 대명사인 깨와 잣이 주재료로 쓰이는데 참깨에 함유되어 있는 단백질은 동물성 단백질에 뒤지지 않으며, 잣은 비타민 B군과 철분함량이 풍부하여 빈혈에 큰 도움을 주는 식품이다.

뿐만 아니라 깨는 100g에 580kcal의 열량을, 잣은 100g에 650kcal의 높은 열량이 나오는 식품으로 불포화지방산으로 구성되어 있어 특히 피부를 윤택하게 하고 혈압을 내려준다.

그러므로 여름철 무더위에 지친 몸의 원기를 회복하기 위해 임자수탕을 추천해본다.

홍차 머핀

재 료 머핀믹스 300g, 달걀 2개, 우유 70cc, 버터 70cc, 홍차파우더 30cc, 건포도,
        아몬드 약간

만드는 법

1. 달걀과 우유를 섞어 1분 정도 믹싱한다.
2. ①에 분량의 머핀믹스와 홍차 파우더를 넣고 잘 혼합한다.
3. ②에 녹인 버터를 넣고 다시 혼합한다.
4. ③의 머핀 반죽을 유산지를 깐 머핀 팬에 2/3정도 붓는다.
5. 건포도와 아몬드를 ④에 장식한다.
6. 예열된 오븐에 ⑤를 넣고 170℃에서 약 20분 정도 굽는다.
7. 완성된 머핀을 빵 포켓에 담아 디피한다.

파프리카 찻잎밥

재 료 미니파프리카 10개, 멥쌀 2홉, 생엽 100g, 다진 파, 참기름, 소금 약간

만드는 법
1. 멥쌀을 씻어 밥을 짓는다.
2. 생엽을 깨끗이 씻어 물기를 제거한다.
3. ①의 밥을 뜸 들일 때 ②의 생엽을 넣고 주걱으로 고루 섞는다.
4. ③의 밥이 완성되면 약간 식혀서 깨소금과 다진 파, 참기름을 넣고 주걱으로
   잘 혼합한다.
5. 파프리카를 손질하여 그 속에 밥을 넣는다.

무와 뽕잎 장아찌

재　료　무 1개, 뽕잎 30장, 맛장 (새송이 버섯, 오이 그리고 차 내용 참고)

만드는 법
1. 무는 6cm정도로 잘라 반나절 햇볕에 말린다.
2. 뽕잎을 깨끗이 씻어 물기를 제거한다.
3. 맛장을 끓여 ①과 ②를 넣는다.
4. 냉장 보관하는데 한 달 후부터 먹을 수 있다.

자린고비

재   료   찬밥 1공기, 녹차 우린 물 200cc

만드는 법
1. 찬밥을 대접에 넣는다.
2. 200cc 물을 포트에 넣고 100℃가 되도록 끓인다.
3. ②의 물이 60℃로 낮추어지면 이때 녹차 5g을 넣는다.
4. ③을 3분 충분히 우린다.
5. ④의 찻물을 ①에 넣는다.
   이때 굴비장아찌와 함께하면 금상첨화일 것이다.

호박꽃 만두

재 료 호박꽃 10송이, 가루차 40g, 돼지고기 300g,
       밀가루 5Ts, 두부 1모, 파 1뿌리, 부추 30g,
       당근 1/2개, 숙주나물 30g, 소금, 후추 약간

만드는 법

1. 돼지고기를 믹서에 간 후 가루차, 후추, 소금으로
   간을 한다.
2. 두부는 깨끗한 수건에 싸 물기를 제거한다.
3. 부추, 파, 당근을 깨끗이 씻은 후 0.5cm 크기로
   다진다.
4. 숙주는 뜨거운 물에 살짝 데친 후, 잘게 썬다.
5. ①,②,③,④를 모두 넣고 혼합한다.
6. 호박꽃은 수술을 제거한 후, 꽃 속에 밀가루를
   뿌린 후 ⑤의 만두소를 넣어 수증기에 찐다.

TIP

호박은 꽃, 잎, 줄기, 열매, 씨 어느 것 하나 버릴게 없어서 우리식탁을 풍요롭게 해주고 있다.
호박은 품종과 성숙도에 따라 그 영양성분이 약간씩 달라지는데 대체로 호박 속에는
비타민 A와 C, 그리고 B2가 가장 풍부하다.

차 봉우리떡

재　　료　찹쌀가루 5컵, 녹차가루 50g, 간장 2Ts, 설탕 1/2컵, 계피가루 1/2Ts,
　　　　　유자청 1Ts, 대추 10개, 밤 4개, 잣 1/4컵, 꿀 1Ts, 카스테라 1개, 소금약간

만드는 법

1. 찹쌀을 5시간 동안 충분히 불려서 곱게 빻아 고운체에 내린다.
2. ①에 간장, 설탕을 약간 넣고 비벼 다시 한 번 체에 내려놓는다.
3. 밤은 건포도 정도의 크기로 썬다.
4. 넓은 그릇에 유자, 유자청, 계피가루, 소금, 대추, 밤, 꿀, 잣을 ①에 혼합한다.
5. 찜통에 넣어 20분가량 찐다.
6. 수저로 하나씩 떠낸 후 카스테라 가루를 묻혀 완성접시에 놓는다.

TIP

봉우리떡은 "두텁떡"이라고도 칭한다. 각종 견과류와 대추, 밤 등을 넣어 만든 이 떡은 한 끼 식사로 대신
할 수 있는 영양식이다.

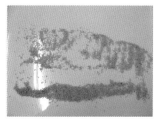

칠게들의 나들이

재   료   칠게 500g, 식용유 적당량,
          칠리소스 – 고추가루 1Ts, 다진 양파 3Ts, 다진 마늘 1Ts, 토마토케첩 5Ts,
          녹차가루 5g, 물 2Ts, 설탕 1Ts, 꿀 1/2Ts, 핫 소스 1Ts

만드는 법
1. 칠게를 망에 넣고 깨끗이 씻는다.
2. ①의 물기를 완전히 제거한다.
3. 식용유를 팬에 붓고 180℃정도 끓으면 칠게를 넣어 튀긴다.
4. 칠리소스를 만든다.
5. ④의 칠리소스에 ③에서 튀긴 칠게를 넣고 고루 혼합한다.
6. 접시에 ⑤를 장식한다. 이때 바닷가를 연상하며 연출해보면 어떨까?

9월에

가을이 오는 길

오리들의 행진 (오리송편)

재　　료　쌀가루 10컵, 거피팥고물 2컵, 통깨 1/2컵, 설탕2Ts, 가루차 50g, 계피가루 1ts,
　　　　　소금 약간, 참기름 약간

만드는 법

1. 쌀가루에 약간의 끓는 물을 붓고 익반죽하는데 이 때 가루차를 넣어 3색을 만든 다음
   축축한 보자기를 덮어서 반죽이 마르지 않게 한다.
2. 거피팥을 충분히 불려 찜통에 푹 쪄 만든 거피 팥고물은 뜨거울 때 소금, 계피가루, 물을 약간
   넣고 찧어 대추알 정도의 크기로 뭉쳐 놓는다.
3. 통깨는 볶아서 깨소금을 만들어 설탕과 섞어 둔다.
4. ①의 반죽을 조금씩 떼어 둥근 모형을 만든 다음 팥고물, 깨, 설탕 등을 각각 넣어 오리모형으로
   송편을 빚는다.
5. 시루에 솔잎을 깔고 송편은 서로 붙지 않게 간격을 두고 찐 다음 꺼내어 찬물에 헹궈 참기름을
   바른다.

TIP

차를 넣어 익반죽을 할 때는 평상시보다 물의 양을 조금 더 넣어 반죽하는 것이 좋다.
왜냐하면 차는 쌀가루와 만나면 잘 굳어지는 성질이 있기 때문이다.

홍차 송편과 절편의 만남

절편만들기

재   료   쌀 10컵, 가루차 20g, 잎차가루 10g, 홍차 10g, 참기름, 소금 약간

만드는 법
1. 쌀을 깨끗이 씻어 물에 3시간 이상 담가 충분히 불린다.
2. ①의 쌀을 물기를 뺀 후 소금을 넣고 빻아 떡가루를 만든다.
3. ②의 가루에 가루차와 홍차를 진하게 우려 붓고 버무린다.
4. ③을 시루에 쪄 낸다.
5. ④에서 쪄 놓은 떡을 2등분 하여 반은 녹차가루를 섞어 절구에 오래 찧어서
   차지게 만들고, 반은 그대로 절구에 넣어 찧는다.
6. 이렇게 만든 떡은 참기름을 바른 다음 나뭇잎맥이 있는 떡살에 문양을 찍어낸다.

송편만들기

재　　료　　쌀 5컵, 붉은고추 5개, 홍차 6g, 참기름 약간
　　　　　　송편소 – 깨 1/2컵, 설탕 2Ts, 소금 약간

만드는 법

1. 쌀가루를 체에 쳐서 가루를 준비한다.
2. ①의 쌀가루에 고추물과 홍차 우린 물로 익반죽한다.
3. ②의 반죽을 둥글게 만들어 깨 소를 넣고 감 모형을 만든다.
4. ③을 시루에 푹 찐 다음 찬물에 담근 후 참기름을 묻혀 멋스럽게 연출 한다.

파이 치즈 카나페

재　　료 파이 5개, 슬라이스 치즈 3장, 미트볼 50g, 양파 1/2개, 새싹 약간
사과소스 재료 : 녹차 3g, 사과잼 50g, 우유 2Ts

만드는 법
1. 시판되고 있는 파이를 준비하여 반으로 갈라놓는다.
2. 분량의 양파와 미트볼를 다져 함께 프라이팬에 노릇하게 볶는다.
3. 슬라이스 치즈를 파이 크기에 맞게 자른다.
4. ①의 반으로 가른 파이 한쪽에 ②를 얹고 ③의 슬라이스 치즈를 올린 후 ①의 남은 파이 한쪽을
　 덮는다.
5. ④를 치즈가 녹을 정도로 프라이팬에 굽는다.
6. 사과소스 만들기
　 － 사과잼에 분량의 우유를 넣어 살짝 끓인 후 로스팅한 녹차 3g을 섞는다.
7. ⑤에 새싹을 올려 장식한 후 ⑥의 사과소스를 얹어 완성한다.

초코 츄로스(Choco Churros)

재　료　초코 핫케익 믹스 500g, 가루차 50g, 우유 300cc, 시나몬 파우더 5g,
　　　식용유 500cc, 설탕 약간

만드는 법

1. 분량의 초코 핫케익 믹스에 시나몬 파우더와 가루차를 넣고 혼합한다.
2. ①에 분량의 우유를 넣고 반죽한다.
3. 짤 주머니에 ②를 넣는다.
4. 튀김냄비에 식용유를 붓고 170℃ 정도가 되면 ③을 U자 모양으로 짜서 튀긴다.
5. ④의 튀겨진 츄로스의 기름을 뺀 후 설탕과 시나몬 파우더를 뿌려 완성한다.

찻잎볶음

재　료　녹차 우려 마신 찻잎 100g, 잔 새우 50g, 마늘 5쪽, 청량고추 2개,
　　　　간장 2Ts, 참기름 1/2Ts, 설탕 1Ts, 조청 2Ts, 식용유

만드는 법

1. 청량고추와 마늘을 잘게 다진 다음 팬에 식용유를 두르고 센 불에서 볶는다.
2. ①에 찻잎과 새우를 넣고 다시 볶는다.
3. ②에 간장과 설탕, 조청, 참기름을 넣고 혼합한다.

> **TIP**
> 찻잎에 호두나 잣을 넣어 볶아 찻잎볶음을 만들어 성장기 어린이들의 반찬으로 이용하면 아주 좋다.

녹차에 물든 핫바

재 료 명태살 200g, 밀가루 100g. 녹차우린 물 100cc, 차 우려낸 찻잎 20g,
잔새우 30g, 마늘 5쪽, 청량고추 2개, 당근 1/2개, 설탕 1Ts,
소금 3ts, 후추 약간, 식용유 300cc,

만드는 법
1. 분량의 마늘, 청량고추, 당근, 잔새우를 깨끗이 손질한 후 잘게 다진다.
2. 믹서에 분량의 명태살과 밀가루, 녹차 우린물을 넣고 믹싱한다.
3. ②에 분량의 차 우려낸 찻잎과 소금, 설탕, 후추를 넣고 혼합한다.
4. ③에 ①을 넣어 다시 혼합한다.
5. 나무판에 ④의 반죽을 30g씩 놓고 핫바 모형을 만든다.
6. 팬에 식용유를 붓고 150℃의 온도에서 ⑤를 넣어 노릇하게 튀긴다.

가을을 머금은 율란

재　　료　밤 20개, 가루차 10g, 꿀 2Ts, 계피가루 약간, 잣 6개

만드는 법
1. 밤을 깨끗이 씻어 충분히 익을 때까지 찐다.
2. 찐 밤을 반으로 잘라 밤 속살만 빼낸다.
3. ②의 밤 속살에 분량의 가루차를 넣고 절구에 찧는다.
4. 절구에 찧은 ③을 체로 곱게 걸러낸다.
5. 체로 곱게 걸러낸 ④의 밤 속살에 분량의 꿀을 넣어 혼합한다.
6. 반죽된 ⑤를 밤알 크기만큼 떼어 밤 모양으로 빚는다.
7. 밤 모양으로 빚은 ⑥의 아랫부분에 계피가루를 살짝 묻힌다.
8. 계피가루를 묻힌 ⑦의 율란에 잣을 꽂아 장식한다.

> **TIP**
> 율란은 모든 차와 잘 어울리는 티 푸드이다.

가을꽃 담은 백설기

재   료   쌀가루 1/4되, 소주 1/2컵, 가루차 5g, 슈가파우더 5g, 당근꽃 정과 20개,
소금 약간

만드는 법
1. 쌀가루에 분량의 소주와 소금을 넣고 반죽한다.
2. 반죽한 ①을 시루에 찐다.
3. ②의 완성된 떡을 충분히 식힌다.
4. ③의 떡 위에 가루차와 슈가파우더를 뿌린다.
5. 준비된 당근 꽃 정과를 ④에 올려 장식하여 완성한다.

10월에

다식 이야기

꽃다식

다식판

다식

보기 좋은 떡이 먹기도 좋다는 속담이 있듯이 우리네 다식은 다식판에 건강과 아름다움을
추구하고자 꽃모양, 완자모양, 그리고 건강과 장수를 상징하는 수복강령 등을 새겨 다식을 만들어
손님께 대접했다.
특히 제례 시에는 흑임자다식, 송화다식, 쌀다식을 사용했고, 혼례시에는 송화다식, 푸른콩 다식,   쌀다식,
흑임자다식, 분홍꽃 녹말다식을 사용했다.

흑임자 다식

재　　료　검정깨가루 1컵, 꿀 1Ts, 설탕 약간

만드는 법
1. 검정깨를 깨끗이 씻어 고소하게 볶는다.
2. 믹서에 3번 곱게 갈아 준비한다.
3. 검정깨와 꿀을 그릇에 담아 골고루 혼합하여 반죽한다.
4. 다식판에 찍어낸다.

> **TIP**
> 여름철에는 꿀 대신 설탕을 넣어도 좋다.

콩다식

재　　료　푸른 콩(청태)가루 1컵, 꿀 4Ts, 올리브유 약간

만드는 법
1. 푸른 콩가루와 꿀을 그릇에 담아 골고루 혼합하여 반죽한다.
2. 다식판에 올리브유를 바른다.
3. 다식판에 찍어낸다.

차다식

재　료　콩가루 1컵, 가루차 20g, 꿀 4Ts, 올리브유 약간

만드는 법

1. 콩가루와 가루차를 섞어 골고루 혼합한 후
   분량의 꿀을 넣어 반죽한다.
2. 다식판에 올리브유를 바른다.
3. 다식판에 찍어낸다.

송화다식

재 료 송화가루 1컵, 꿀 3Ts

만드는 법
1. 송화가루와 꿀을 그릇에 담아 골고루 혼합하여 반죽한다.
2. 다식판에 찍어낸다.

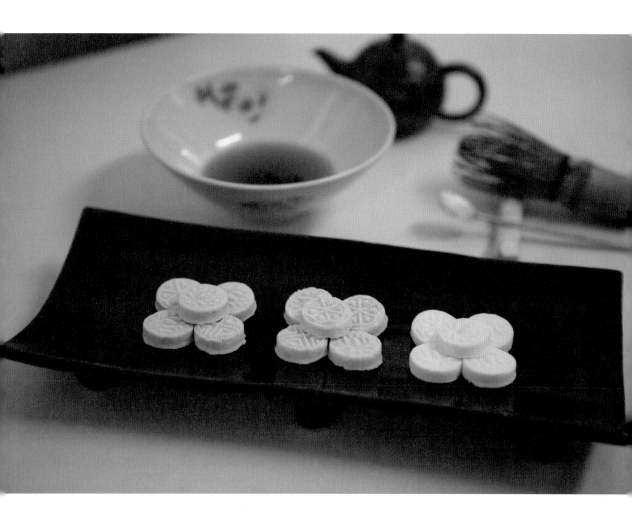

녹말다식

재　　료　녹말가루 3컵, 오미자물 1/2Ts, 가루차 1/2Ts, 꿀 9Ts

만드는 법
1. 흰　색 – 녹말가루 1컵에 꿀 3Ts을 넣고 혼합하여 다식판에 찍어낸다
2. 붉은색 – 녹말가루에 오미자물과 꿀을 넣고 혼합한 후 다식판에 찍어낸다.
3. 녹　색 – 녹말가루에 가루차와 꿀을 넣고 혼합한 후 다식판에 찍어낸다.

11월에

가을의 넉넉한 품속에서

차꽃 떡

재　료　멥쌀가루 220g, 물 200cc, 올리브유 30cc, 소금 약간, 달걀 1개
　　　　소재료 : 설탕 50g,　잣 100g

만드는 법

1. 멥쌀가루를 체에 곱게 친다..
2. ①에 소금을 넣고 익반죽한다.
3. ②에 소를 넣고 차꽃 모양으로 빚는다.
4. ③을 찜통에 10분 정도 충분히 찐다.
5. 볼에 찬물과 분량의 올리브유를 혼합한다.
6. ⑤에 ④를 넣고 급냉시킨다.
7. 급냉시킨 차꽃떡을 꺼내어 물기를 제거한다.
8. 삶은 달걀의 노른자를 체에 내려놓는다.
9. ⑦의 중앙에 ⑧을 올려 꽃수술을 연출한다.

차꽃술

재　료　차꽃 100g, 술 1.8ℓ, 설탕 1컵

만드는 법
1. 차꽃을 깨끗이 손질한다.
2. ①의 차꽃에 술 200cc를 부어 씻어낸다.
3. ②에 설탕을 넣고 가볍게 혼합한다.
4. 깨끗한 유리병에 ③을 넣는다.
5. ④의 술을 부어 온도가 일정하고 서늘한 장소에 보관한다.

TIP

차꽃주는 5년 이상 숙성되면 여느 술보다 그 맛과 향이 탁월하다.

섭산적 속에는 차가…

재　료　소고기 등심 100g, 배즙 1/5개, 청주 1Ts, 두부 1/4모, 소금, 잣가루, 후춧가루 약간
　　　　고기양념 : 간장 2Ts, 설탕 1/2Ts, 꿀, 다진파, 참기름 각 1Ts, 녹차가루 5g,
　　　　다진 마늘 1ts, 깨소금, 후춧가루 약간

만드는 법

1. 소고기를 곱게 다져 배즙과 청주를 혼합하여 30분정도 재운다.
2. 두부는 물기를 꼭 짜서 으깬 뒤 소금, 후춧가루를 넣고 버무린다.
3. ①과 ②를 혼합하여 네모모양으로 빚는다.
4. 고기양념을 만든다.
5. ③을 석쇠에 올려놓고 ④의 양념을 발라가며 굽는다.
6. 고기가 완전히 익으면 접시에 담는다.
7. ⑥에 고명으로 찻잎과 찻가루를 올린다.

호박피자

재 료 애호박 1개, 표고버섯 1개, 양파 1/4개, 대파 1/2개, 당근 1/4개, 피망 1/2개,
파프리카(노랑, 빨강) 각 1/2개,
모짜렐라 치즈 30g, 소금, 후추, 설탕, 간장 약간

만드는 법

1. 애호박을 깨끗이 씻어 반으로 자른 후 속을 파낸다.
2. 분량의 표고버섯을 다져 간장, 설탕, 후추를 넣어 밑간을 한다.
3. 분량의 양파, 대파, 당근, 파프리카, 피망의 재료를 모두 잘게 다져 약간의 소금 간을 한다.
4. ①의 애호박 안에 치즈를 얇게 깐다.
5. ④에 ②와 ③의 재료를 수북이 담고 그 위에 모짜렐라 치즈를 올린다.
6. 찜통에 10분 충분히 쩌 완성한다.

차 찐빵

재　　료　밀가루(박력, 중력) 200g, 막걸리 100cc,
　　　　　녹차 우린물 100cc, 계란 2개, 황설탕 100g,
　　　　　소금약간, 베이킹파우더 2ts, 팥앙금 50g,
　　　　　가루차 10g

만드는 법

1. 밀가루와 베이킹파우더, 소금을 함께 넣고
   3번 체 쳐둔다.
2. 계란을 풀어 황설탕을 넣어가며 거품기로
   녹여준다.
3. 설탕이 다 녹으면 막걸리와 찻물을 밀가루에
   넣고 혼합한다.
4. ③을 랩에 덮어서 상온에 3시간정도 발효시킨다.
5. ④에 팥앙금을 넣고 머핀 팬에 담는다.
6. 찜기에 넣고 20분 충분히 찐다.

찻잎 샐러드와 돼지고기

재   료   돼지고기(안심) 300g, 황차 10g,
          간장 20cc, 설탕 1Ts, 조청 2Ts,
          우린 찻잎 20g, 다진 파,
          후추, 마늘 약간,

만드는 법

1. 돼지고기를 다듬어 물 300cc에 황차와 간장을 넣고 끓인다.

2. ①을 불에 충분히 익힌다.

3. 소스 만들기

　　① 간장, 설탕, 후추, 조청, 다진 파, 마늘 등을 팬에 넣고 끓인다.

　　② ①에 2의 돼지고기를 넣고 끓인다.

　　③ ②의 겉표면이 갈색이 될 때까지 소스로 옷을 입힌다.

　　④ ③을 식힌 후 얇게 썬다.

4. 야채 썰기

　　양배추, 당근, 파 등을 5cm 길이로 최대한 가늘게 썬다.

　　녹차 우린 잎을 넣고 혼합한다.

소스 만들기

1. 재료 : 가루차 5g, 유자청 10cc, 레몬즙 1Ts

2. 만드는 방법

　　1) 먼저 유자청을 곱게 다진다.

　　2) ①에 가루차와 레몬을 넣고 잘 젓는다.

호두양갱

재   료   팥 앙금 lkg, 한천 1/2컵, 물 500cc, 호두 30개, 리큐르 30cc

만드는 법
1. 한천을 1시간 정도 물에 불려 잡내를 제거한다.
2. 냄비에 분량의 물을 붓고 ①의 한천을 넣어 약 불에서 끓여 녹인다.
3. ②에 팥 앙금과 분량의 리큐르를 넣고 서서히 저어가며 충분히 끓인다.
4. 팬에 호두를 넣고 살짝 볶는다.
5. 틀에 ③을 붓고 ④의 볶은 호두를 올려 장식한다.

하드롤빵 속에 차를 담다.

재 료

시판 하드롤빵 1개,
양파 1개,
버터 3g,
홍차 20cc,
생크림 10cc,
체다치즈 1장,
가루차 2g,
소금, 후추 약간

만드는 법

1. 양파를 채 썰어 버터와 함께 30분 약 불에서 조린 후 분량의 생크림을 넣는다.

2. ①에 분량의 홍차물과 소금, 후추를 넣고 다시 10분 조린다.

3. 하드롤빵을 반으로 자른 후 빵 속을 파낸다.

4. ③의 빵 속에 ②를 넣는다.

5. ④에 체다 치즈를 올려 전자레인지에 2분 굽는다.

6. ⑤에 가루차를 뿌려 완성한다.

Fruits Tea

재   료 (5인기준)
홍차(딤블라 BOP) 20g,
서양배 5개,
파인애플 1링,
오렌지 5쪽,
거봉 10알,
복숭아 3쪽,
로제와인 2Ts,
물 1,000cc,
설탕 약간

만드는 법
1. 과일들을 깨끗이 손질한다.
   1) 오렌지는 5쪽을, 거봉 10알 중
      5알은 껍질을 벗기고,
      5알은 반으로 갈라놓는다.
   2) 복숭아는 껍질째 잘라
      3쪽을 준비한다.
   3) 파인애플은 1링을 준비하고
      서양배는 통조림을 이용한다.
2. 유리 티팟에 100℃로 끓인 물 1,000cc와 로제와인 20cc,
   그리고 준비된 ①의 과일을 넣어 티 워머에 올린다.
3. 홍차 20g을 티팟에 넣고 ②의 물 500cc를 넣어 5분간 충분히 우린다.
4. 과일이 들어 있는 ②의 티팟에 ③의 홍차를 부어 10분 충분히 우린다.
5. 찻잔에 ④의 완성된 차를 따른 후 기호에 따라 설탕을 넣어 마신다.

TIP
큰 주전자에 분량의 과일과 적당량의 설탕을 넣고 끓인 후 이 물로 홍차를 우리면
보다 편리하고 신속하게 많은 손님을 대접할 수 있다.
이 때 리큐르 한 방울을 넣으면 차의 풍미를 더해 줄 수 있다.

12월에

한해를 마무리하면서…

설화

재   료   도라지 200g, 가루차 20g, 조청200cc, 엿기름 1컵, 슈거파우더 약간

만드는 법
1. 엿기름 가루를 베자루에 담는다.
2. 60℃의 따끈한 물에 ①의 엿기름을 불린 후 5회 정도 주무른다.
3. 도라지를 깨끗이 다듬어 ②의 물에 넣고 강한 불에서 5분 정도 끓인다.
4. ③의 물을 약간 제거한 후 가루차와 조청을 넣어 약한 불에서 조린다.
5. ④를 냉장 건조한다.
6. 완성 접시에 담는다.

> **TIP**
> 도라지는 알칼리성 식품으로 뿌리 뿐만 아니라 어린 잎과 줄기를 나물로 먹을 수 있으며, 당분과 섬유질 그
> 리고 칼슘과 철분이 많이 함유된 우수한 식품이다. 또한 호흡기 계통의 질환에 좋은 식품으로 예로부터 우
> 리 조상들에게 사랑을 듬뿍 받아왔으며, 식용, 약용, 음용으로 사용되고 있다.

인삼정과

재　료　녹차가루 50g, 가루차 30g, 인삼 10뿌리, 대추 50g, 엿기름가루 50g, 조청 1컵,
　　　　슈거파우더 약간

만드는 법
1. 인삼을 깨끗이 손질한다.
2. 따뜻한 물 200cc에 분량의 엿기름가루를 넣어 충분히 불린다.
3. ②를 체에 걸러 찌꺼기를 제거한 후 그 물에 분량의 대추를 넣고 충분히 끓인다.
4. ③을 체에 걸러 그 물에 가루녹차와 분량의 인삼을 넣고 5분 정도 끓인다.
5. ④의 인삼을 그늘에서 건조시킨다.
6. ④의 물에 분량의 조청과 ⑤의 인삼을 넣고 다시 약한 불에서 1시간 정도 조린다.
7. ⑥의 조려진 인삼을 냉장건조 시킨다.
8. ⑦의 완성된 인삼에 슈거파우더와 가루차를 뿌려 맛의 풍미를 높인다.

치즈바스켓 카나페 (Cheese Basket Canapes)

재   료   파마산 치즈 200g, 닭가슴살 150g, 파프리카 1/2개, 양상추 1/3개, 가루차 10g,
          치즈 10장, 머스터드소스 적당량,

만드는 법
1. 팬에 파마산 치즈 20g을 녹여 7cm 크기로 둥글게 만든다.
2. ①의 치즈가 노릇하게 녹아지면 찻잔의 뒷면에 올려 바스켓 모양을 잡는다.
3. 닭 가슴살에 생강 1쪽을 넣어 센 불에 끓인다.
4. ③의 닭 가슴살을 잘게 찢어 놓는다.
5. 파프리카를 잘게 채 썰어 고명으로 올린다.
6. 양상추를 곱게 채 썬다.
7. 치즈는 4cm 크기로 잘라 놓는다.
8. ②의 치즈 바스켓 위에 치즈를 올린 후 닭 가슴살과 양상추, 파프리카를 올려 장식한다.
9. 머스타드 소스에 가루차를 넣어 혼합한다.
10. ⑧에 ⑨를 올려 완성한다.

게살 카나페

재   료   비스켓 10개, 치즈 5장, 게살 3줄, 양상추 약간,
       소스 : 유자청 50cc, 가루차 10g, 레몬즙 2Ts

만드는 법
  1. 비스켓을 준비한다.
2. 치즈를 모형틀로 찍는다.
3. 양상추를 오목하게 잘라 놓는다.
4. 게살은 4cm 크기로 자른다.
5. ④의 윗부분 2cm정도를 결대로 잘게 찢어 꽃모양을 만든다.
6. 비스켓 위에 ②의 치즈와 ③의 양상추를 올린다.
7. ⑥위에 ⑤의 게살을 올린 후 소스를 뿌려 완성한다.

겨울 산에 산초장아찌를…

재　료　산초 500g, 간장 100cc, 다시물 100cc, 조청 100cc,
　　　　슈거파우더 5g, 가루차 20g

만드는 법
1. 산초를 깨끗이 씻어 물기를 제거한다.
2. 맛장을 만든다.(다시물을 우려 간장과 조청을 넣고 끓인다.)
3. ②가 식으면 가루차를 넣어 혼합한다. 그리고 ①의 산초를 넣고 냉장보관 한다.
　　(3개월 정도 숙성시켜 먹으면 좋다.)
4. 접시에 장식할 때는 먼저 슈거파우더와 가루차를 준비하여 산처럼 모형을 만들어 그 위에
　　산초를 올려 장식한다.

크리스마스를 위한 차 케이크

재   료 박력분 200g, 가루차 50g, 베이킹파우더 1ts, 우유 2Ts, 버터 170g,
　　　　　 설탕 170g, 달걀 3개, 호두 40g, 건포도 30g, 럼주 1Ts

만드는 법

1. 분량의 박력분과 베이킹파우더를 함께 체에 친 후 가루차와 혼합한다.
2. 버터를 거품기로 저어 크림색이 나도록 한다.
3. ②에 설탕을 2∼3회로 나누어 넣으면서 잘 섞일 수 있도록 저어 준다.
4. ③에 달걀을 1개씩 넣으면서 버터와 달걀이 잘 혼합되도록 젓는다.
5. 작게 썬 호두와 럼주에 재워 둔 건포도를 섞어준다.
6. ①에 분량의 우유와 ⑤를 넣고 칼로 자르듯 가볍게 섞어 준다.
7. 크리스마스트리 모양의 틀에 ⑥의 반죽을 고루 담는다.
8. 160℃ 오븐에 20분 충분히 굽는다.
9. 카스텔라 파우더와 가루차를 혼합하여 ⑧의 케이크 위에 뿌린다.
10. 케이크 위에 조각 설탕으로 장식한다.

애플코코 마들렌

재   료 박력분 70g, 아몬드파우더 35g. 코코넛파우더 5g, 버터 50g,
베이킹파우더 4g, 홍차가루 10g, 달걀 100g, 설탕 100g,
생크림 30g, 코코넛롱 50g, 사과 1개, 치자물 50cc, 레몬즙 20cc

만드는 법

1. 분량의 박력분, 아몬드 파우더, 코코넛파우더, 베이킹 파우더를 체에 곱게 친다
2. 분량의 버터를 녹여 ①에 혼합한다.
3. 볼에 달걀과 설탕 50g을 넣고 설탕이 녹을 때 까지 잘 저어준다.
4. ②에 ③을 넣고 덩어리가 생기지 않도록 잘 혼합한다.
5. 잘 혼합된 ④의 반죽을 뚜껑을 덮어 냉장고에 1시간정도 휴지시킨다.
6. 사과를 깨끗이 씻어 0.5cm 두께로 슬라이스한다.
7. 냄비에 분량의 치자물과 레몬즙, 설탕 50cc를 넣고 중불에서 끓인다.
8. ⑦에 슬라이스한 사과를 넣고 약 불에서 조린다.
9. 휴지시킨 ⑤의 반죽을 마들렌 틀에 부어 오븐에 180℃의 온도로 14분간 굽는다.
10. 구워진 ⑨의 마들렌 볼록한 윗면에 ⑦의 시럽을 바른 후 코코넛롱을 뿌린다.
11. ⑩의 마들렌 위에 ⑧의 조린 사과를 올려 장식한다.

복주머니에 한해를 담아

재　료　새우살 30g, 낙지 1마리, 건해삼 1마리, 명태살 30g, 백미 한공기, 당근1/2개,
　　　　미나리 적당량, 다진 파, 후추, 소금, 식용유, 라이스페이퍼 20장, 우린 찻잎

만드는 법

1. 파와 당근을 곱게 다진다.
2. 새우살, 낙지, 명태살을 깨끗이 손질하여 다진다.
3. 건해삼을 뜨거운 물에 3시간 정도 불린 후 잘게 다진다.
4. 팬에 식용유를 넣고 파를 먼저 볶은 후 ①의 당근과 ②와 ③, 그리고 밥 순으로 넣어
　　볶는다. 이때 후추와 소금으로 간을 한다.
5. 따뜻한 물에 라이스페이퍼를 살짝 적신다.
6. ⑤에 적당량의 ④를 넣고 미나리로 묶어 복주머니 모양을 만든다.
6. 오븐 또는 기름에 살짝 튀겨낸다.

우리 고유의 밥상에 차음식을 담아

음식하면 프랑스를 떠올린다.

세계인들이 그토록 프랑스 요리에 열광하는 이유 뒤에는 귀족음식이라는 인식이 작용하기 때문일 것이다. 고급문화를 지향하고자 하는 서양인들의 식사예절과 매너는 격조있는 테이블 세팅과 함께 그 분위기를 고조시킨다. 사실 우수한 식문화를 가진 나라는 그다지 많지 않다. 하지만 우리의 상차림에는 세계인들의 마음을 사로잡을 수 있는 멋진 밥상문화와 균형 잡힌 식단, 그리고 유서 깊은 역사와 전통이 함께 숨 쉬고 있다. 서양에 테이블이 있다면 우리는 고유의 상(床)이 있다. 우리나라 전통 상차림인 밥상 차림에는 3첩, 5첩, 7첩, 9첩, 12첩까지 첩수가 있다. 첩이란 반찬을 담는 그릇을 말한다. 이러한 우리의 상차림에는 서양의 음식문화에서 볼 수 없는 품격있는 멋과 전통의 맛이 함께 담겨 있다.

밥과 국, 그리고 첩수에 따라 반찬을 담을 수 있는 반상기의 종류에는 은, 유기, 도자기, 사기, 옹기, 목기 등의 그릇들이 있으며 이 또한 계절에 따라 다르게 쓰여지고 있다. 또한 반상기에는 뚜껑이 갖추어져 있어 음식의 위생과 온도까지 보존할 수 있으며 아울러 상을 차린 이의 따뜻한 배려까지 느낄 수 있다.

이러한 우리의 밥상에 조금은 특별하게 차 음식을 마련하여 9첩 밥상을 차려본다.

우리 음식을 대표할 수 있는 것은 아마도 신선로와 불고기일 것이다. 먼저 신선로에 들어갈 많은 전류에 미나리전을 대신하여 찻잎을 넣어 만든 전을 사용하면 신선로 속에 들어간 육고기의 잡냄새를 제거할 수 있다. 여기에 떡갈비를 준비해 본다. 떡갈비에 가루차(말차)를 첨가하면 육고기의 누린내를 제거할 수 있다.

그리고 차나물, 찻잎 장아찌, 차 부각, 차 김치 등 차를 이용한 슬로우 푸드의 9첩 밥상을 차려 보다 색다른 풍미와 맛을 느껴보자

향과 색으로 즐기는 소스의 향연

1. 음식의 맛과 소스

　　음식의 맛은 소스에서 결정된다고 해도 과언이 아니다. 그러므로 소스는 모든 요리에 있어서 매우 중요한 역할을 하고 있다. 오늘날 음식문화는 다양한 소스개발로 미식가들의 입맛을 사로잡고 있다. 또한 각 나라의 고유한 향과 맛을 지닌 소스가 보급되면서 지구촌엔 약 500여 종의 색다른 소스들을 맛볼 수 있다.

이러한 소스의 맛을 결정하는 것이 바로 스톡(Stock)이다. 스톡은 기본 육수로서 소나 닭의 뼈와 고기, 채소, 향신료 등 여러 재료들을 이용하여 육수가 만들어진다.

육수를 만드는 데는 많은 시간과 정성이 요구되며, 적절한 양의 조절이 소스의 숨은 비결이 된다. 모든 소스의 모체이기도 한 스톡은 대체로 화이트와 브라운 컬러로 구별하여 사용한다.

다음은 루(Roux)를 살펴보자.

루는 버터와 밀가루를 팬에 동량을 넣고 밀가루냄새가 나지 않도록 볶는데, 원하는 색이 날 때까지 볶는다. 여기서 소스의 색이 결정된다.

2. 소스의 분류

　　소스는 크게 전채, 샐러드, 생선·육류, 디저트 소스로 나누는데 주재료에 따라 육수소스, 유지소스, 당소스, 퓨전소스 등으로 분류하고 있다. 육수소스는 주 요리에 사용되며 유지소스는 전채와 샐러드에, 후식에는 당소스를 사용하고 있다.

이 같은 소스는 대체로 색으로 분류하여 쓰여지고 있다.

색으로 분류된 소스는 크게 다섯 가지로 나누는데 화이트, 블론드, 브라운, 레드, 옐로우 컬러 등이다. 화이트소스는 베사멜(Bechamel), 블론드소스는 벨루테(Velout), 브

화이트소스
베사멜(Bechamel)

블론드소스
벨루테(Veolut)

브라운소스
데미클라스(Demiglace)

레드소스
토마토(Tomato)

엘로우소스
홀란데이즈(Hollandaise)

라운소스는 데미글라스(Demiglace), 레드소스는 토마토 (Tomato), 엘로우소스는 홀란데이즈(Hollandaise)이다. 이러한 소스를 모체로 하여 수많은 소스가 파생되고 있다.

그럼 소스의 기본을 살펴보자.

① 베사멜소스는 팬에 버터를 녹여 밀가루와 우유, 그리고 소금과 후추, 넛맥을 넣고 5분정도 색깔이 나지 않도록 잘 볶는다. 이것이 바로 화이트소스의 모체이다.

② 벨루테소스는 화이트 스톡과 담황색 루를 배합하여 잘 젓는다. 이러한 소스는 송아지, 닭, 생선요리 등에 사용된다.

③ 데미글라스소스는 스테이크에 기본 모체가 된 소스이다. 이 소스는 브라운스톡을 약⅓정도 졸인 후 에스파뇰을 첨가하여 갈색이 될 때까지 졸인다.

④ 토마토소스는 파스타 요리 등에 많이 사용되고 있다. 토마토소스의 기본은 토마토에 올리브유를 넣고 중불에서 끓이다가 레몬즙을 넣어 소스를 만든다. 취향에 따라 베이컨, 양파, 마늘, 당근, 버터와 월계수잎, 육수, 밀가루 등을 넣어 조리한다.

⑤ 홀란데이즈는 계란노른자와 버터, 식초, 레몬즙 등을 이용하여 조리하는데 계란노른자가 익지 않도록 온도조절에 유의하면서 소스를 만들어야 한다.

3. 향신료

소스의 맛과 향을 더해주는 것은 각종 향신료이다.

향신료는 음식에 풍미를 더해 식욕을 촉진시킨다. 이 같은 향신료는 spice와 herb로 분류하는데 spice는 식물의 가지, 열매, 껍질, 뿌리 등에서 얻어진 방향성 물질이며, herb는 이러한 식물의 잎만을 사용할 때 부르는 이름이다.

그럼 소스에 사용되는 향신료를 살펴보자.

◆ Black pepper

후추의 원산지는 인도남부지역이다. 16세기 초까지만 해도 유럽에서는 진귀한 향신료로 대접을 받았다. 후추가 익기 전 채취하여 소금물 또는 뜨거운 물에 담근 후 햇볕에 건조하는데 이것이 바로 까만 후추이다.

◆ white pepper

흰 후추는 다 익은 후추열매를 채취하여 발효시킨 다음 껍질을 제거한 후 건조시킨다. 특히 흰 후추는 검은 후추보다 매운 맛과 향이 부드럽다. 후추사용에 있어서 유의점은 음식에 첨가할 때 가루를 내야만 풍미를 제대로 즐길 수 있다.

◆ Dill seed

미국과 서인도에서 생산되는데 피클, 샐러드, 생선, 수프, 소스 등에 사용되고 있다.

◆ Oregano

멕시코, 이탈리아, 미국 등이 원산지인 오레가노는 박하과의 한 종류로 강한 향과 상쾌한 맛을 지니고 있다. 특히 이탈리아요리 중 소스와 수프에 많이 쓰이고 있다.

◆ Bay leaves

월계수 잎은 잘 건조시켜 사용하는데 특히 피클, 스톡, 스튜, 토마토요리와 미트소스 등에 이용한다.

◆ Marjoram

지중해 연안에서 자생하는데 달팽이, 토끼, 간 요리에 대부분 쓰이고 있다.

◆ Paprika

피망의 일종인 파프리카는 카나페, 달걀요리, 치즈, 소스 등에 끼얹어 미각을 돋운다.

◆ Cumin

이란과 모로코에서 자생하는 커민은 파슬리 과에 속하는데 커리 파우더와 칠리 파우더에 쓰이며 피클, 치즈, 미트빵, 수프, 파이 등에 사용된다.

◆ Thyme

타임은 토마토요리와 토끼구이, 로스트, 스튜, 생선, 수프, 소스 등에 많이 쓰이고 있다.

◆ Tarragon

유럽이 원산지이며, 피클, 소스, 수프, 샐러드에 사용하고, 방향제로 쓰이기도 하며, 식초나 겨자에 이용하여 육류, 토마토 등에 많이 쓰인다.

이와 같이 다양한 향신료를 첨가하여 소스에 풍미를 더해보자.

※ 참고문헌

○ 정영선, 〈다도철학〉, 너럭바위, 1996.12.

○ 고정순, 〈한국의 다식〉 월간 〈다담〉, 1994.

○ 석용운, 〈통신 교육자료집(다식편)〉.

○ 이연자, 〈우리 차요리〉, Cookand, 2002.

○ 유태종, 〈식품 카르페〉, 박영사, 1982.

○ 황혜성 외 2명, 〈한국의 전통음식〉, 교문사, 1989.

○ 왕준영, 〈세계요리백과〉, 범한출판사, 1987.

○ 정혜경, 〈한국음식 오디세이〉, 생각의 나무, 2007.

○ 최수근 외 1명, 〈요리와 소스〉, 형설출판사, 2005.

○ 월간 〈푸드〉 1995, 5.

○ 월간 〈다담〉 1994, 3. 1995, 12.